藏在木头里的智慧：
中国传统建筑

朴世禹 —— 著

江苏凤凰科学技术出版社 · 南京

引子

学习传统建筑的门槛

在钢筋混凝土建筑大行其道的今天，如翚斯飞的中国传统建筑似乎已成为一个熟悉却又遥远的"乡愁"意象，与我们的日常生活渐行渐远。

无论我们如何惊叹于《阿房宫赋》所描述的宫城的壮丽，或感动于《醉翁亭记》所渲染的环境的清幽，当我们试图仔细勾勒出这些建筑的具体样子时，都会惊讶地发现自己居然对其一无所知——不同于一些西方国家自古便将建筑理论视作人文常识，中国自古崇尚儒学，对匠艺关注不足，造成了我们传统建筑知识体系的缺失。即便我们有心翻阅哪怕距今较近的清工部《工程做法》，也会陷入对大量生僻字的困扰或只识其字却不知其意的尴尬，更遑论《营造法式》之类距今千年的建筑类古籍。

似乎学习传统建筑是有门槛的——历史拉远了我们与这些精美建筑之间的距离，时间的流逝也让我们之间的心理距离变得遥远，而眼花缭乱的斗拱与其各个构件纷繁复杂的名字，更让我们在初次接近它们时便产生退避情绪，并进一步给我们带来困扰：

> **对于非建筑从业者，了解传统建筑在当下这个时代到底有什么意义？**

建筑作为艺术门类之首，对文化的影响潜移默化而又无比深远，无论东西方都是如此。我们平日讲学习知识的时候，会用诸如"搭结构""构建框架""打好基础""入门""进阶"等词语；在描述人的能力的时候，会用"栋梁之才""高屋建瓴"之类的词语；在分析事情的时候，则会用"关键"等词语——实际上这些词语都是从建筑学中发展而来的。理解传统建筑的脉络，可以让我们更深入地理解传统文化和认识历史。

如果我们明白了了解传统建筑的目的，便能将学习传统建筑的切入点从那些看起来非常具体而繁杂的古建筑知识，切换到古人怎么盖、怎么用，以及怎么理解这些建筑要素上，从而试图理解其中的文化，学习传统建筑的门槛便会相应降低，这一过程也会变得轻松愉悦。

比如，我们常将进入某某单位、学校或家族的标准很严格叫作"门槛很高"，"门槛"这个词同样来自传统建筑，可它究竟是怎么演变成一个形容进入标准严格的词呢？

在传统建筑中，门槛主要具有如下几种功能：**首先是固定门枕石，**同时将门板抬起一定高度，从而固定门扇，并在一定程度上防止其形变；**其次是防止冷风回流将尘土带入室内，**保持室内外的区分；**再者则是视其高低而区分房屋重要程度或功能等级，**配合上方门簪的数量，共同在文化层面表达秩序。然而从文献中并未找到门槛相关的硬性的等级规定，那么这个等级制度到底从何而来呢？文化现象太复杂，但总有起因。建筑方面的文化，多数出于建筑建造的过程本身。

从小处着眼，不妨先看板凳。假设现在有三种板凳：第一种板凳仅有一个座面和四条腿，第二种板凳具有一个座面和两两联系成组的腿，第三种板凳则由一个座面和四条连成一体的腿组成。

如果这三种板凳材料都便宜（意味着用料多少对造价影响不大），座面形状也相同（不计加工成方或圆的差异），那么在同样结实的情况下，最昂贵的会是哪一种？

答案是：第一种板凳。

这是因为，第一种板凳的四条腿各自与座面呈点状交接，对榫卯工艺及角度要求最高；第二种板凳的四条腿分两组与座面交接，两两相互牵制，对榫卯及角度的容错率有所提高；第三种板凳则将四条腿全部连接，其容错率最高，对榫卯工艺要求最低，只要足够紧，甚至不要求角度有多精准。

注意，比之于小木作中手工艺的精细度，建筑结构构件大木作中榫卯的精细度实际上可能远远不如这些板凳。**这就要求早期建筑对结构交接节点的容错率越高越好，而地栿就承担连接柱根以提高整体容错率这一使命。**

（图片来源：摄图网）

倘若我们将目光转向一些重要的早期多层木结构建筑，就可以看到各层除框架、斜撑以外，顶层及暗层还有柱脚枋联系，而一层接地处则为环绕的木地栿——如同现代砖混框架结构中需要地圈梁一般，地栿也有拉结稳固柱脚的作用。早期比较讲究的建筑一般都会采用这种做法。

　　既然单纯为了连接柱子，增加结构整体性，为什么一定要设置在地面？这里牵扯到一个结构问题、一个空间问题和一个工艺问题。结构问题是，通常需要两个圈梁位于两端才能令整体更为稳固，而且柱身开卯眼对木柱破坏较大。空间问题是，如果柱高不够，只能施于柱头和柱脚。而当柱高、柱径都足够时，面对的便是工艺问题，即这只是一个联系材而非结构材，故而尽管其卯眼可以开在柱身，但由于侧脚做法的必要性（柱头需要向中心倾斜以保证整体稳固），横向的枋若想交圈，对长度的计算要求较高，而端部希望两枋在柱身内相咬的话，也需要做更精细的榫卯处理。可见这种方式徒增烦扰而无优势，因此选择最为简单的在柱头施枋而在柱脚施地栿的做法。

　　那么，门槛高低又为何会在文化中与等级产生千丝万缕的联系呢？古时候盖房子，实际的设计过程是在盖之前根据等级进行的计算过程。这里不仅指面阔多宽、进深多大、举架多高、用什么屋顶，更重要的是选多大的材料。这个基本数值一旦确定，斗多大、拱多长、柱多粗、梁多高就都能推算出来，而地栿也在这一计算体系之内。所以，**社会地位越高，相应的屋宇等级就越高，能用的料越大，能盖的房子也越大，其门槛也就越高。**

建筑小知识

面阔：中国古代建筑把相邻两榀屋架之间的空间称为间，间的宽度便是面阔。

进深：指建筑物纵深各间的长度，即位于同一直线上相邻两柱中心线间的水平距离。

举架：中国古代建筑确定屋顶曲面曲度的方法，可使屋顶的坡度越往上越陡，从而呈凹曲面。

（图片来源：摄图网）

社会地位高，意味着其屋宇普通人难以进入。门槛高，同样意味着其空间难以进入。文化关系就这么确立下来了。后来，土墙逐步让位于砖墙，砖负责稳固各柱子，地栿的意义逐渐削弱，出场率不那么高了，但是"门槛儿高"这一说法却流传下来，成为形容社会地位高的通用说法。为了方便进人或搬东西而在门槛端部设榫卯做成可拆卸门槛，则是后来的事。

对于寺庙等重要建筑来讲，大型物品进出并非常态，为此特意将门槛做成带企口的样式实际并不合情理，所以其可拆卸的原因最初未必是为了方便物品进入，而很可能是一个修缮措施。正如檐部易糟朽因此增加飞椽，柱根易糟朽因此使用柱榰，山面檩端易糟朽因此增加博风板以便替换，门槛由于是一圈木地栿中一小段暴露在外的部分，易被水淋、磨损，所以将其做成可拆卸的形式，实际上可能是为了方便更换。在许多地区，给寺庙捐门槛是一种"功德"，这件事除了包含让人踩踏的隐喻意义之外，也应当是一种给穷人出资修庙的机会——毕竟不是所有人都出得起钱给佛像重塑金身，将庙本身维护好也是一件重要的事。

于是，我们在明白了"门槛高低"一词文化渊源的同时，也更能理解鲁迅先生在《祝福》中所写的那段关于祥林嫂想去寺庙捐门槛的说法。至于在重要建筑的门槛外包上金属皮以防止磨损，则是关于门槛磨损的同一个问题的另一个答案。

（图片来源：摄图网）

传统建筑的相关知识与学习这些知识的过程其实非常有趣，我读书时常在猜测各种现象成因的过程中感到乐趣，而后便努力寻找各种线索以证明那些猜测的合理性（尽管乐此不疲地与老师和同学讨论的过程中多少能将一些臆断消灭），但终归仍只是个人化的理解与猜想，不敢将其妄称为严谨的史学研究；可这个过程，对自己理解各项设计的必要性与精彩程度却很有帮助——琢磨如何用最原始的技术条件盖出有趣的房子，其实本身也是一种高效的设计训练。

毕业后，从事古建筑的相关工作，在见闻中所包含的道理与美感，更是令我深深着迷；偶尔也会去某些建筑学院——名为帮朋友代课，实为想把那些美好的设计或自己觉得有趣的想法分享出来，期望更多将来会去做建筑设计的年轻人注意到那些中国传统建筑的精彩与力量。我希望他们关注中国传统建筑时，完全是因为其中所蕴含的那些能够超越时代的建造的智慧与设计的质量，而非仅仅因为一个看不见摸不着的形容词——"传统"。

因怕动笔能力退化，我平日在网络上断断续续写一些关于建筑的小文章，竟慢慢攒下了一些读者，还被出版社找到，实属意外之幸。回想起上学时，自己也曾期盼有一本关于学习中国传统建筑到底有何乐趣、其对设计到底有何实质帮助的课外书，思忖再三，决定将这些个人觉得有趣以及对自己多少有些帮助的内容整理成书，算是对自己早年的期盼和近年的思考有一个交待。

希望能将这些带给笔者快乐的小知识或小猜测通过本书展示给大家，尤其是建筑学相关学科的各位同学。

更希望能将那些看似离我们遥远的中国传统建筑与当下的建筑设计尽可能多地联系起来，拉近它们与我们的距离，让这些传统建筑中的智慧重新得到关注。

朴世禺

2020 年 11 月

隆兴寺慈氏阁

报恩寺碑亭

屋檐翼角

目录

兴国寺般若殿

古建筑概述

传统建筑的基本概念

传统建筑的结构体系

今天我们所熟知的传统建筑，各有各的特点，但大体都是**三段式结构，即由屋顶、屋身、台基三个基本部分构成**。沈括在《梦溪笔谈》中引用过一段北宋都料匠喻皓所著《木经》中的句子："凡屋有三分：自梁以上为'上分'，地以上为'中分'，阶为'下分'"，说明这种建造特征与描述方式有着非常久远的历史。

台基，即《木经》中所说的"下分"，虽然无法为使用者提供遮蔽，但其并非毫无用处，甚至非常重要，无论是心理上，还是功能上。虽然被命名为"下分"，但它承担的却是将建筑抬高的功能。**通过抬高，将一个特定的区域与周边环境进行区分，从而在心理上使该区域变得特殊甚至庄重，是台基的一个重要作用**——高度一直是权力的实体象征之一。无论是上古时期的高台建筑，还是流传至今的"高士""高人"等词汇，都表明"高"与权力具有某种心理关联（此观点可见董豫赣《文学将杀死建筑》）。

图 1　天坛圜丘

北京故宫太和殿"三台"，即那三层高高的汉白玉基座，就是对权力空间化的直接表达。这种表达不仅体现在庄重的形态与精美的雕刻上，也体现在它处于北京城层层嵌套的平面中心的位置上，更体现在其整个扁平化的空间突然被拔高到一个无上的高度中。更为极端的例子当属天坛圜丘（图 1），其上并无屋身及屋顶，仅通过三个逐层抬高的基座便使这一片领域有了与其他场所不同的意义——这是一片特殊的地面，人们坚信这里能够连接天空。

图2 古画中的建筑屋身被抬高

抬高地面除限定出一片专属空间（图2），满足人们心理上的需求之外，大部分情况下主要是**为了使屋身离开原始地面，从而更好地保护屋身以及屋内使用者或重要之物不受雨水与虫蛇的侵害**——早期受材料所限，屋身多为木结构或土木混合承重结构，雨水的侵蚀或虫蛀等因素会导致屋身根部强度大大降低，危害整个建筑的安全。将地面抬高，就能大大减少这种被侵害的概率。

对于建筑来说，无论形式如何，其最基本的功能当是遮风避雨与停留或储存。所以，**用于遮蔽的屋顶是建筑必不可少的要素，也是其最为重要和最为夺目的部分**。由于屋身为土木之物，为防止受到雨水侵蚀，中国传统建筑通常为坡屋顶，并且有非常大的出檐，这也是其与西方传统教堂、城堡等石头建筑最大的区别之处——通过出挑使屋檐伸出墙体范围，是保障土木屋身安全的一种手段，在石头建筑中却并不必要。

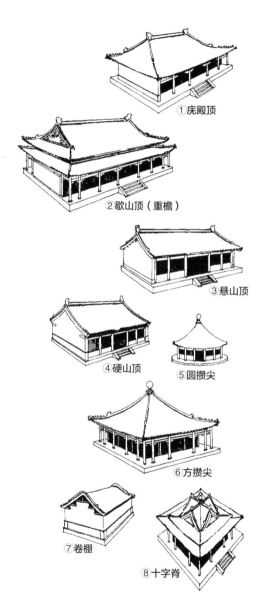

①庑殿顶

②歇山顶（重檐）

③悬山顶

④硬山顶

⑤圆攒尖

⑥方攒尖

⑦卷棚

⑧十字脊

图3 中国建筑常见的主要屋顶形式（资料来源：李允鉌《华夏意匠》）

历经千年发展，中国传统建筑中出现了大量的屋顶形式，比如庑殿顶、歇山顶、悬山顶、硬山顶、攒尖顶（包括圆攒尖、方攒尖）、卷棚、十字脊等（图3），再加上重檐或不同方向的抱厦，则其变化更多。这不仅是因为屋顶自身受限于其下的平面形式或结构特征，更由于其体量感更强，所处位置更高，更能展现建筑特征，故而成为最夺目的部分，形式需求更为旺盛。同时，由于中国传统建筑在发展过程中更注重不同功能的组织而非组合，所以通常结果为成组、成序列的建筑群，而极少出现巨大的综合体。同一组群内，为区分不同建筑的功能，屋顶逐步形成了等级制度，与我国传统的社会组织制度相对应，于是也便形成定式流传下来。

屋身是最主要的使用空间，竖向的支撑与水平的围合是其基本特征。围合是为了挡风及限定空间，支撑则在解决屋顶荷载的

图4 亭子（图片来源：摄图网）

同时提供了空间的使用高度。当然，在某些时候，屋身的围护功能也并非必不可少，只需为屋顶提供具有支撑作用的构件即可，比如亭子（图4）；而其支撑构件，则取决于屋身的结构形式。

古时候，负责建筑事务的官职在不同时期大体有两个名字：司空与将作。而这两个名字也分别对应着南北方两种主流建造模式或建造思路：司空主要是减法，主司虚空，亦可理解为管理穴工之意；将作则主要是加法，通过一系列木作而搭出房子。两种不同的逻辑对应的木构方式也不尽相同。北方主穴居，版筑技术发展的同时木作技术也一并进步；木作多用于挡土，于是主要发展了井干技术。观察"井"字即不难理解，其原本便是描述四根木头相互咬合的井干式结构，无柱，靠横向构件互相咬合形成整体以围合出中部空间。南方的干阑式结构则充分发挥木材的性能，将其作为杆件使用，形成了穿斗的形式，而后的几千年一直延续下来，至今依然可以在一些西南民居中见到。标准穿斗式建筑没有梁，横向构件只作为拉结构件出现。

随着时间的推移，南北方建筑技术逐渐融合，除极少数砖墙承重或夯土墙（土坯墙）承重的建筑外，绝大部分传统建筑主要依靠木结构提供支撑。常见的木建筑的结构形式主要有抬梁式、穿斗式和井干式（图5）。

①抬梁式

②穿斗式

③井干式

图5 中国建筑常见的主要结构形式（资料来源：潘谷西《中国建筑史》）

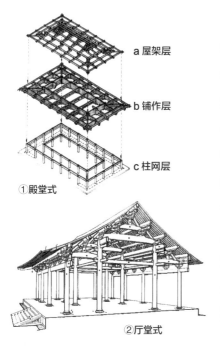

①殿堂式

a 屋架层

b 铺作层

c 柱网层

②厅堂式

图6 宋代建筑主要结构形式
（资料来源：潘谷西《中国建筑史》）

此外，在以宋代建筑为代表的早期木结构中还存在殿堂式、厅堂式两种结构形式（图6）。殿堂式结构主要用于大型殿宇，特点为自下而上分层——柱网层、铺作层、屋架层逐层垒叠：内外各柱几乎等高，其上铺作层纵横咬合，形成稳固的水平框架，继而屋架层架设在铺作层之上，各层区分非常清晰。厅堂式结构的组织方式并非是高度上的逐层垒叠，而是水平方向各扇屋架的逐间串联。由于每缝（扇）屋架自身需要完全承重，其内外柱无法等高，同时由于各屋架独立承重，屋架之间关联仅为拉结，不同屋架所用柱的数量与长短也均可不同，所以只要保证进深方向的步架长度与数量一致即可。由于并无水平分层，铺作层十分不明显，斗拱的作用也相对弱化。

既然木建筑的结构形式存在众多不同的命名与分类，那么将其中的关联梳理清晰，才便于后续讨论。

穿斗式和井干式结构是最基本、最单纯的结构形式，其显著差异取决于主

图 7　古画中的抬梁式建筑

要利用木材的哪个方向，即到底是用其长度还是用其厚度进行建造。从建构思维即底层逻辑上来看中国木建筑，则可以将其分成两种原型，层叠型与连架型。井干式即层叠型逻辑的基本型，特征为无柱，通过材料厚度层层叠摞成一个空间；而穿斗式（标准穿斗）则是连架型逻辑的基本型，其特征为无梁，完全利用木材的长度，由柱直接承檩，水平向构件只起联系作用，先将柱穿为排架，之后将其纵向联系。

　　在以往传统的结构分类中，抬梁式（图 7）是一个比较含混而复杂的概念——它既不是原生的结构形式，也非单一的结构类型。与穿斗式和井干式相比，抬梁式作为次生形式，与另两者不在同一个层面上，不可并提。同时其内涵也不像穿斗式和井干式那样明确，其所指结构类型并不确定。按照东南大学张十庆老师对建造逻辑的梳理与分析，层叠类型的前后两个阶段及相应形式为实拍式层叠与梁柱式层叠。其模式可以概括为：

箱式层叠—实拍式层叠—井干结构（井干式）
框式层叠—梁柱式层叠—殿堂结构（殿堂式）

连架类型的前后两个阶段与相应形式为串式连架与梁式连架，其模式可概括为：

串式连架—串斗式连架—穿斗结构（穿斗式）
梁式连架—抬梁式连架—厅堂结构（厅堂式）

殿堂式与厅堂式分别代表层叠式抬梁和连架式抬梁两个类型。层叠式抬梁的演化序列大致是：**土木结构—井干结构—层叠式抬梁；**连架式抬梁的演化序列大致是：**穿斗结构—连架式抬梁。**两种抬梁做法，源头虽不同，流传的过程中却相互影响（关于建构逻辑源流更详细的梳理与分类，可参见张十庆《从建构思维看古代建筑结构的类型与演化》，见表 1）。

表 1　中国建筑结构逻辑分类及演变

——	原生形式	次生形式	混融形式
层叠型	版筑结构（土作）	叠涩—拱券结构（砖、石作）	混合式抬梁结构（木作）
	土木结构（土木混作）	层叠式抬梁结构（木、石作）	
	井干结构（木作）		
连架型	穿斗结构（木作）	连架式抬梁结构（木作）	
	庐帐结构（帐作）		

（资料来源：张十庆《从建构思维看古代建筑结构的类型与演化》）

抬梁式虽不是一种原生和纯粹的结构形式，但是在木结构建筑的演进过程中，无论层叠结构还是连架结构，其主流最终皆趋同于抬梁做法。也就是说，抬梁做法是木结构建筑在空间适用下的最好选择。不过，相比较而言，在技术合理性上，穿斗结构因避开了梁栿材料极限的限制，应较抬梁做法在大空间上更胜一筹。

传统建筑的构造处理

今天我们能有幸看到的那些传统建筑，只是许许多多古建筑中的九牛之一毛。它们并非因为重要或受到关注而留存至今，相反，很多甚至并不为人所熟知，在建造的时候更不见得是当地最为重要的建筑。在建成之后的岁月里，那些建筑或经历地震，或经历战火，或经历拆除甚至废弃，能留存下来的，是偶然中的偶然。可以说，这样的建筑是不可多得的研究对象与建筑史的实证，所以更显珍贵。当然，除了有历史上的偶然性之外，也有它们能够历经风雨留存至今的必然性，即设计上的科学合理性。

一栋木建筑，如果想留存时间长远，应当满足以下三个条件：**材料本身防腐，结构形式坚固，以及构造设计合理。此外，还要选址适宜。**

先说材料。

"耕者知谷，匠者知木。"正如唐代大文学家白居易在《梓人传》中那句"吾善度材"所表达的，对材料的理解是建造工作中最为重要的因素，尤其是对作为最主要建筑材料的木材来说更是如此（图8）。**所谓理解，不仅在于通晓其加工方式与技巧，更在于了解材料自身易出问题的部分**。

比如，木材属于纯天然的有机材料，易被虫蛀，易被雨水侵蚀而糟朽，同时由于其是由纤维构成的，毛细现象明显。这些特点决定了工匠需要着重考虑木材的防水防腐处理，甚至木建筑建造的时候，需要考虑对某些特定部位的木构件预留安全量，或者考虑后期可更换的措施。同时，木材在不同湿度下的体积变化非常大，而且不同树种的变化也不尽相同，所以，匠人们不仅需要考量材料自身的特性并适应其膨胀程度，还需要在建造时使用同类木材制作而不是金属制作的丈杆去丈量各个木构件的长度与尺寸，以使整体木结构都尽可能处在同样的伸缩状态，可见"同呼吸，共命运"的关系在木结构建筑中的体现尤为明显。最后，在门窗等可开启部分的处理中要充分考虑预留构造缝，否则雨期因材料自身膨胀，门窗会逐渐大于窗框洞口，将导致其难以开关。

图8　建筑中用到的木料（图片来源：摄图网）

图 9　东西方常见棺椁形式

此外，同一木材，由于树木不同年份的生长速率不同，其不同截面位置的强度也不同。是破芯取材以保障材料强度，还是避免"大材小用"以保障材料利用率，同样决定了建造技术与最终形式。对木材易燃与相对质软易磕碰等方面的思考，也多少决定了一些结构形式上的选择，比如对一些方形截面构件的边角进行滚楞与木线脚处理等。

材料的防腐防虫手段，则不仅在于用桐油、石灰进行浸泡或粉刷，还包含对材料本身独特性能的认识。

这一点，我们可以先从东西方棺材的形式来比较。图 9 为东西方四种常见棺材的形状，上面两图分别描绘了逝者生前的仪态和期望逝去后居住的房屋，故而非常具象，容易理解；而另外两种棺材的形态选择则值得讨论——人们对自己亲友的尸身总是追求保存完整，那就对作为容器的棺材的防腐性有一定要求。西方或许由于受宗教思想影响，将棺木拼为近似钻石的几何形体，以追求某种永恒。那么，中国南方的棺材却为什么会长成如图 10 这般毫无条理的样子呢？

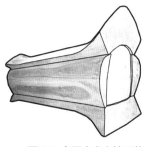

图 10　中国南方木棺形状

　　原因或许可以追溯至古时候国人对于材料的认知。木材不是一种匀质的材料，在靠近树木根部、外侧的位置最为致密，不易腐烂，所以直接用作棺木最为合适。将树根的几个部分拼合起来，便形成了棺木现在的形状，后来逐渐成为一种传统式样，甚至影响了石棺的形式。

　　将树木根部应用在建筑中的例子，可以看湖北一带土家民居中的挑檐（图11、图12）。民居中，不大可能采用过大的木料，这就意味着柱子的直径不会太大，也同时意味着同一根柱子上的卯眼不应太密，否则会影响柱子的受力性能。然而，对于一栋房屋来说，结构的整体性十分重要，这就意味着正面的檐檩与侧面（也就是山面）的檐檩需要互相咬合相交，在同一平面上形成完整的一圈。这时转角部分的挑梁面临两方面的矛盾：檩的等高与卯眼的不等高。解决这个问题的方式其实十分简单，即通过不同弯度的梁去调整卯眼之间的高度差。

图 11　南方穿斗民居转角构造

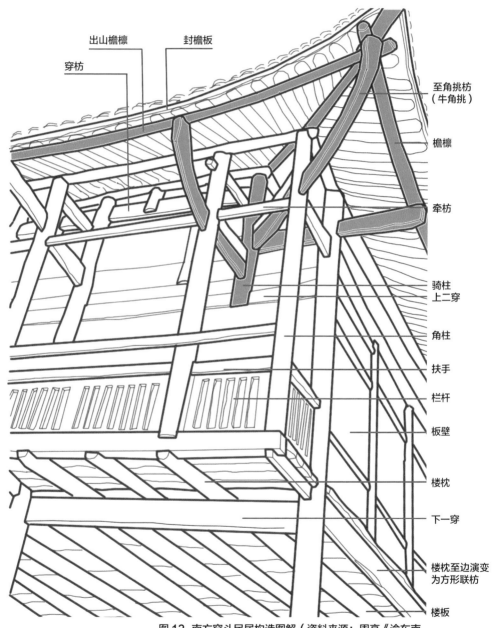

出山檐檩　　封檐板

穿枋

至角挑枋
（牛角挑）

檐檩

牵枋

骑柱
上二穿

角柱

扶手

栏杆

板壁

楼枕

下一穿

楼枕至边演变
为方形联枋

楼板

图 12　南方穿斗民居构造图解（资料来源：周亮《渝东南
　　　　土家族民居及其传统技术研究》）

此做法的巧妙之处在于，这种弯梁并非加工成型，而是在挑选材料时通过判断确定。如图 13 所示，树木一般向上生长，然而在山坡生长的树木，靠近根部的位置会呈自然弯曲状。树木根部的致密性不仅保证了挑檐最远处的结构强度，也保证了最易受雨淋部位的防腐性能，同时其自然形式用构造的方式巧妙地解决了结构上提出的问题，可谓一举三得。

图 13 树木生长形状与取材(资料来源: 周亮《渝东南土家族民居及其传统技术研究》)

由此可见，**选材的成功与否直接决定了构件乃至整个结构的强度**。重要的不仅是树木的生长位置与最终形状，还有砍伐时间、结疤情况、干燥方式和干燥程度等。

众所周知，含水的木材是不适宜做建材的——在木材失水的过程中，由于芯部与表面含水率不同，纤维的不均匀收缩会导致木料开裂，影响材料强度；同时若含水木材被封护在墙体内或油饰中，长时间处于潮湿状态，也更容易糟朽腐烂。所以，在干燥的冬季进行采伐，而后将其放置于阴凉处长时间阴干，在古代是最常见的干燥办法。此外，也有将大量木料绑石沉于水底储存的方式，这种方法看上去是提高了含水率，但实际上隔绝了空气，同时用水将木材中的胶质等易腐物质浸出，平衡芯部与表面的含水量，取出后风干的速率也会快一些。这种方法适用于更大量木材的储存。

传统建筑的屋架

回过头，我们讨论屋架。分析问题，应当从最简单的情况——一个悬山的穿斗房谈起。它是靠进深方向一榀一榀屋架里的柱直接承担屋顶的整体重量（即物理意义上的质量）。进深方向的横向穿枋起的是连接及承担部分梁的作用，而面阔方向的斗枋只起连接作用。在一榀屋架内部，为了结构的稳定性，穿枋也应当互相避让高度。

　　然而，这其实是一种空间不那么经济的做法，所以出于提高檐口等原因，很多时候檐柱处的穿枋高度会提高到与室内梁枋高度相近或相同的位置，这就对在柱身内穿插时的避让秩序提出了要求。一般来讲，主材出下榫，也就是说，在端部两构件发生碰撞时，要保障主要受力构件的下部伸出。这是由于梁栿受压弯时，上部受压而下部受拉，且其内部为纤维状结合，若不保障下部长度与强度，梁的两端更容易劈裂。

　　同样，建造的过程也需要面对空间经济性与结构平衡性等问题。如果仅考虑屋架的结构强度，满柱落地的穿斗屋架显然是最佳首选。然而在使用上，一个室内全是柱子的小空间并非一个好用的空间。这就要求一部分柱不能落地，或直接改变为抬梁逻辑。但也不能所有柱子都不落地，坚固仍然是一个相当重要的考量因素。**所以一般规则是，明间部分减柱，甚至直接采用抬梁结构，越向边跨穿斗逻辑越强（图14）。这样一来，明间的空间更为开敞合用，而屋架整体性与侧向抵抗力也更好。**

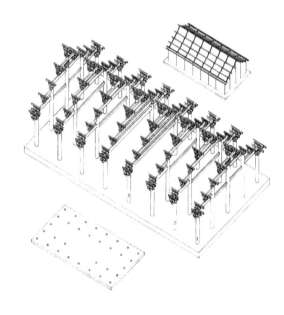

图14　常见木结构构造逻辑

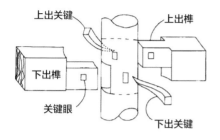

图 15　"关键"做法图解

那么屋架之间的连接关系是怎样的呢？不同地区、不同构件位置有不同做法，这里只提几种方式。北方建筑通常用料更为粗大，所以多靠构件自身即榫卯的摩擦来固定，而南方建筑构件的交接则更为多变。比如徽州地区常见的销钉，很多并非用金属制作，而是用木或竹制作的方形截面构件，用于固定榫卯在柱子内的相对位置，又被称为"关键"（图 15）。我们通常所说的"关键之处"便是这里。找到这个关键之处，便可将整个屋架顺利拆解。此外，还有用于拉结两侧构件的暗销等做法，在此不一一介绍。

这些榫卯结构尽管精巧，却无法彻底保证屋架交接的稳定性。对于整体设计而言，屋架与屋架之间由于呈平行四边形交接，还存在晃动与脱榫的可能——侧向力从来都是建筑要面对的除重力与跨度之外另一非常重要的问题。既然是为防止屋架之间的连接因两侧晃动而松动，那么或许可以想办法让两侧屋架向中间不断挤压而去解决。所以，早期建筑存在两个特点：一方面，两边柱头不断升高，这种做法被称为"生起"；另一方面，还有一个重要特点，两侧柱子并非垂直站立于地面，而是存在一定的倾斜，它们像小板凳一样叉着脚站立，这种做法有个形象的名字，叫作"侧脚"。宋代建筑书籍《营造法式》中记载："凡立柱，并令柱首微收向内，柱脚微出向外，谓之侧脚。每屋正面，谓柱首东西相向者，随柱之长，每一尺侧脚一分；若侧面，谓柱首南北相向者，每长一尺，即侧脚八厘。至角柱，其柱首相向各依本法。如长短不定，随此加减。"意思是，**柱脚是随着柱长变化而变化的，同时因为生起的做法，柱长又随着位置的变化而变化，这意味着这两种做法是共同存在、协同作用的。**这两点协同作用的结果是，在保障柱头枋能交圈的情况下，屋顶的重力在边跨被斗拱向下传递时，会根据平行四边形法则分解，一边分解为顺着柱子传递到地面的力，另一边则通过柱头枋传递向中间屋架的推力，使结构越来越紧（图 16 ～图 18）。这算是一种预应力式的防止屋架拔榫松动的方式。

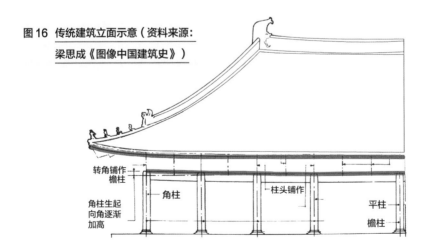

图 16 · 传统建筑立面示意（资料来源：梁思成《图像中国建筑史》）

转角铺作
檐柱

角柱

角柱生起
向角逐渐
加高

柱头铺作

平柱

檐柱

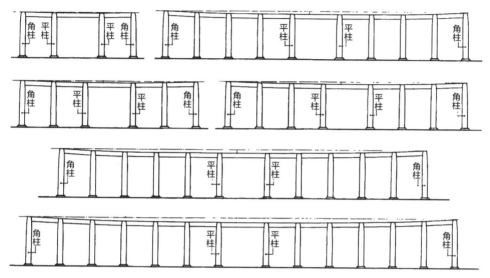

图 17　生起尺度示意（资料来源：陈明达《营造法式大木作研究》）

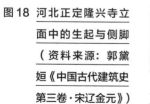

图 18　河北正定隆兴寺立面中的生起与侧脚（资料来源：郭黛姮《中国古代建筑史第三卷·宋辽金元》）

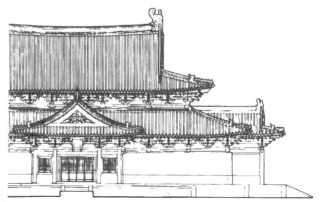

图19 鸱吻

此外，由于建筑屋顶最上方正脊与其他方向戗脊或垂脊交接处最为薄弱，若仅由榫卯相接则易于因自身形变而产生拔榫或变形，故需要巨大的木钉连接或置重物将其压住，以保持建筑屋架的稳定性。这时候，其上钉帽及配重便做成了鸱吻（鸱尾）的形式（图19），既保证了功能性，又暗含了"避火"的心愿。

图20 为山西五台山佛光寺东大殿立面，可以看出侧脚与生起，然而还有一条非常明显的曲线——屋顶的檐口曲线。这充分说明，在唐代已经有很多将翼角抬起的动作。那么这又是为什么呢？

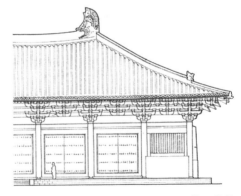

图20 山西五台山佛光寺东大殿立面檐口曲线

（资料来源：梁思成《图像中国建筑史》）

图 21 东汉陶楼明器中的平直檐口
（资料来源：河南博物院《河南出土汉代建筑明器》）

以唐为起点回溯建筑史，将视野放眼至早期建筑案例，我们似乎并未发现这类做法。在河南出土的汉代陶楼（图21）以及北齐石柱上的石屋（图22）上，我们可以看到，那个时期的檐口仍是保持平直的。那么，为何翘起的翼角逐渐成为了主流的建造方式呢？除了文化审美上的选择外，更主要的原因或许是构造技术的进步。观察早期建筑案例的布椽特征，可以发现其翼角椽为平行式排列，这种平行布椽的方式会带来一个很严重的问题：翼角处的椽，与角梁仅仅在尾部呈点状交接，极易脱落，导致翼角下垂。下垂的翼角既丧失美感，更会丧失庇护的功能，加大了建筑被雨水淋坏的可能性。

图 22 北齐义慈惠石柱上的檐口及椽

将翼角改为辐射式的好处在于增大了接触面，使支点变多，翼角椽更为稳固（图23）。但这带来了另一个问题，即椽在辐射排布过程中会与为咬合紧密保障整体性而伸出的檩头相撞。所以，为了避让檩头，同时也为椽上皮与仔角梁上皮交接形成完整的平面以方便后期布瓦，慢慢有了一个叫作枕头木或者衬头木的构件（图24）。这个近似三角形的构件将翼角椽垫起，使得翼角升高。

图23 南禅寺翼角椽细部

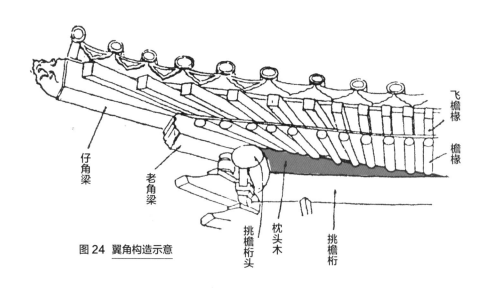

仔角梁

老角梁

挑檐桁头

枕头木

挑檐桁

飞檐椽

檐椽

图24 翼角构造示意

　　从屋顶翼角的结构平面图（图25）上，可以看到前文所说的辐射布椽的特点。同时还有一个特点值得注意，那就是翼角不仅在立面上向上翘起，还在平面上向外伸出——立面上的翘起叫作"起翘"，而平面上的伸出叫作"出翘"。出翘不仅仅是美学需要，在早期也同样是构造需要。前文中提到过侧脚这一处理方式：柱脚在平面上其实是向外逐渐伸出的。并且，由于生起与枕头木等共同作用，屋檐的实际高度距离柱脚大了许多，所以为了遮蔽柱脚，防止其被雨水侵蚀，翼角需要向外伸出更多，于是形成了现在这种形式。这种构造逐渐与审美互相影响，被很多文人墨客形容为"如鸟斯革，如翚斯飞"，成为中国建筑最为显著的特征之一。

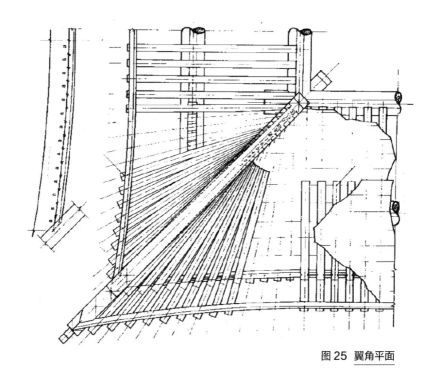

图25　翼角平面

传统建筑的安全设计

说完立面和平面的曲线，接下来看一下传统建筑屋顶剖面的曲线（图26），这些曲线一般通过举架或举折来实现（有时工匠们也会称其为"囊度"）。一些学者从文化角度会将其与西方屋顶的曲线进行比较，认为一凹一凸恰恰体现了两种文化中宇宙观的不同；也有学者认为这是对帐幕形态的自然模仿，但那或许更多是后期逐步发展出来的说法，而非其形成的原因。从构造上解析的话，或许能发现个中原因：椽的两侧搭在檩上，由于受压，中间会逐渐凹陷。

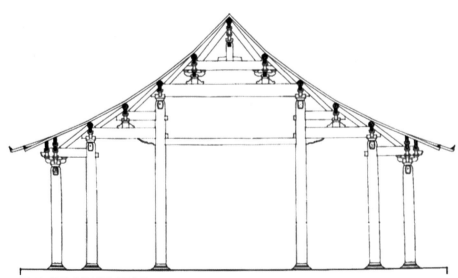

图26 传统建筑剖面屋顶曲线

在非斜梁体系下，如果屋顶在开始设计时剖面呈直线，那么一段时间后，屋面荷载会导致椽与椽在檩上的交接处相互翘起，破坏瓦面，这对屋顶的防水性能是个考验。而提前做成凹面，则一定程度上给出了翘起的容差，不会破坏屋面。在实际使用中，这种内凹的曲线，其上端陡峭可保障排水速度，而下方平缓则能让水排得更远。《考工记》中说"上尊而宇卑，则吐水疾而溜远"，说的便是这回事。除了排水方便，这样做对施工也有好处。由于雨水是从上向下排，所以需要上瓦压着下瓦才能防止雨水倒灌，这就决定了铺设瓦面时需要自下而上操作；下方曲线较为平缓，瓦之间的静摩擦力较大，屋面瓦更稳定，在施工时也会更方便稳妥。

中国自古讲究中庸之道，这体现在很多俗语中，比如我们常说的"枪打出头鸟"，这句话还有另一种说法，叫作"出头的椽子先烂"。因为椽要被瓦覆盖，否则端部会被雨水打湿而逐渐糟朽，损害屋顶的防水功能，进而危害结构的整体安全。

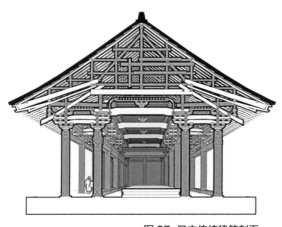

图 27 日本传统建筑剖面

当然，椽子这一类构件也并非不能长，而是要看长在什么位置。当我们把视野拉开，去看日本传统建筑中的"桔木"时（图27），就会发现长也有长的好处。桔木是一种类似杠杆的用于出檐的构件，通过杠杆原理，尾部深入屋架之中，被压住以达到稳定，从而承担檐口的质量。这样尾部可以适当做长，并不影响檐部受力。不同于中国传统建筑中瓦制勾头与滴水的普遍使用，很多日本建筑仍沿袭了相当一部分厚重的茅草屋面，尽管能够防水，但其檐部长时间潮湿也是实实在在的问题。当檐部的桔木端部腐烂时，只要把檐口局部抬起，将腐烂的部分削去，再将桔木整体向前拉出一些，便可以继续使用。这种做出一点点冗余构件的方式，虽然看上去多下了一部分料，存在一定的"浪费"，实际上却是一种更为省料的做法，不失为一种比较巧妙的构造处理。

说回中国建筑，与椽同样的问题也会发生在檩的端部，所以**悬山或歇山建筑在山面檩端处需要加博风板**（图 28），以遮挡木材檩、垫板、枋子等构件之间的缝隙不受雨水侵入。我们知道，毛细作用不仅会发生在单一构件的木纤维之间，还会发生在不同构件之间的狭小缝隙中。这种水平的缝隙极容易藏住雨水，时间久了对结构会造成极大的损坏。而使用博风板的好处在于，当其长期遭受雨淋而腐烂时，仅更换博风板即可，不必让建筑结构伤筋动骨。

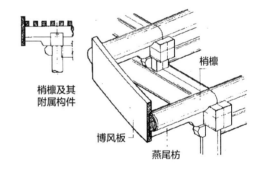

梢檩

梢檩及其附属构件

博风板

燕尾枋

图 28 传统建筑的博风板

图 29 滴珠板照片（图片来源：摄图网）及剖面图

同样的道理从平座层的外部处理中也可以发现。由于没有屋檐遮挡，平座斗拱缝隙容易暴露，所以常在这里设置与博风板类似的滴珠板来防雨（图 29）。由于其并非结构构件却十分必要，因此随后增加了装饰性，使滴珠板成为整个建筑形象的一个重要组成部分。

尽管人们在屋面等各处构造中极力考虑防雨问题，但实际上在建造时依然无法保证木构件内外不沾水、不遭虫。这时，地仗（油彩的基层，附着于木构件之上）与油饰彩画的作用就凸显出来了。

尽管今天所见彩画的完整形制出现得相对
较晚，但其基本形象却能追溯至更为久远
的时代。早期木构件在交接处最为薄弱，
所以在重要建筑或车具中常使用金釭来保
护（图30）：一方面，金属构件对不同木
结构的嵌套与连接有助于防止脱榫；另一
方面，这层金属外皮也能阻挡雨水渗入，
保障节点处不受水汽侵蚀。这种做法在很
多地区都曾出现，但或许与木结构尺度的
不同演变趋势有关，其后续发展出现了有
趣的"裂变"——在一些日本传统建筑中，
这种金属构件的装饰性大大增强，出现了
非常精美的雕刻（图31）；而中国传统建
筑中的金釭却逐渐退化，变为油彩，只有
箍头这种锯齿状的易于嵌套的形式语言被
遗留了下来（图32）。

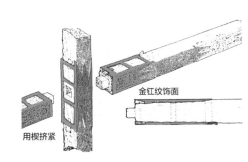

图 30 金釭构造

图 31 日本建筑金饰

图 32 和玺彩画中的 W 形折线纹样

图 33 透风砖

防雨不仅要关注建筑上部木构件交接的地方，更要关注底部，即最容易被雨水溅射或地面返上来的水汽所侵蚀之处。 明清以降，用砖石砌为墙身的建筑大量发展，不同于更早时期的土坯或夯土墙体，砖石不再惧怕雨淋，而木结构则作为骨骼逐渐藏于墙体之内。众所周知，砖石墙体不怕水淋，却也不利于水分的散发，所以古人在墙身对应柱脚处开洞，以利于柱脚通风，防止墙身存水腐蚀柱脚。其外用名为"透风"的镂空砖雕覆盖（图 33），除了做装饰之用，也可防止老鼠进入啃噬柱子。

那么裸露在外的柱子柱脚处如何处理呢？在地仗与油彩工艺普及以前，有些建筑将石柱础做得极高，以隔绝水汽，也有些建筑在柱脚处会使用一个名为"椊"的构件（图 34）以达到同样目的，其外形似第二层柱础。椊与柱身最大的不同在于木材纤维的方向：该层"础"是垂直于木材纤维方向雕刻而成的，即椊在放置于柱下础上时，其木纹平行于地面——这样可以很好地利用毛细现象，防止水汽向上浸润而更多地横向游走，极为有效地保护柱身；同时这种上下分离的设计也带来一个好处，即在椊腐坏以后可随时将屋架支顶后对柱椊进行替换。

图 34 柱椊的使用

除各个建筑局部的防腐设计之外，更为重要的是建筑结构的整体设计。传统建筑中，屋檐的出挑距离被称为"上出"，而台基的宽度则被称为"下出"（图35）。一般情况下，下出小于上出，这样可以很好地保证台基中的夯土芯不被雨水侵蚀。台基内通常会在地面处打多层白灰，以隔绝水汽；在有更大的基座或月台时，位于屋檐之外的基座部分则靠石板找坡（地面倾斜），以便快速将水排出。北京故宫太和殿"三台"处那一个个雕刻精美的向外伸出的螭首，便是一层层的排水口（图36、图37）。其地面有很明显的倾斜，雨水通过斜坡汇聚至排水口，经螭首口中排出，在大雨时会形成"千龙吐水"的壮观景象。

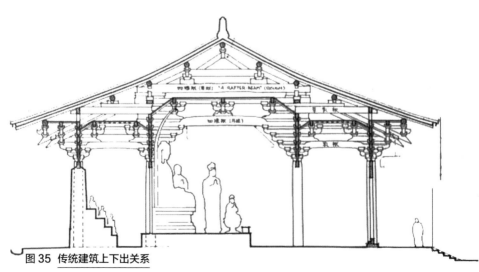

图35 传统建筑上下出关系

图 36　故宫三大殿（从右到左：太和
　　　殿、中和殿、保和殿）及三台（图
　　　片来源：摄图网）

图 37　故宫台基与排水口

不只在基座上部，在整个基座下方周围也会有一圈很小的散水找坡（图38），使雨水彻底远离台基。同时这一圈用砖拼出的散水，也可以作为施工误差调整节点——通过调整散水各处宽度，在无法保证完全平行的建筑之间找出一个方正的院子，从而使院落中的铺砖美观大方。"院落"一词中，"落"字很好地表述了其与建筑地面之间的高度关系。

图38 故宫院落散水找坡与排水渠

雨水最终汇集于院中，通过排水沟渠或砖缝流出。这里着重讲一下砖的铺设。我们经常在各种古建筑介绍中得知过去的地砖截面为倒梯形，但实际上在烧制时，地砖截面并非倒梯形，而是比较规矩的方形。由于手工艺时代砖本身及砂浆质量等存在诸多问题，要保证院中铺砖"严丝合缝""磨砖对缝"十分困难。这个时候便需要采用一种名为"砍砖"的工艺，即将砖朝下的一面砍出斜角，以便有空隙容纳砖之间的误差或砂浆中的小石子，从而保证地砖表面对齐（图39）。这种工艺上对误差的处理同

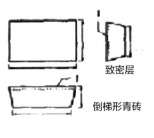

致密层

倒梯形青砖

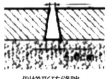

倒梯形砖缝隙

图39 倒梯形砖及地面构造

时带来的好处是利于排水——砖之间虽然表面严丝合缝，但其下部形成了一个个串联的三角形空腔，水可以进入其中慢慢渗入地下，而不至于在院子里出现积水的情况。

图 40　马头墙　　　　　　　　　　图 41　故宫太平缸

以上介绍的主要是传统单体建筑中木构造的防水与稳定设计，**对于建筑群而言，防火则成了最大问题**。徽州地区的马头墙（图 40）、观音兜等山墙构造，其主要功能便是在火灾发生时防止火势顺房蔓延，起消防隔离带的作用。在紫禁城这种强调屋顶等级的建筑群中，硬山样式因其等级较低，在绝大部分建筑组团中无法形成主导形制，故而封火墙难以应用。解决方法除加强管理外，设计上的考虑则是每隔数米置一铜缸或铁缸，其内盛水以便随时救火（图 41）。其下设灶，以防止冬天缸内储水结冰。

所有这些设计与技术，只能保证建筑本体相对坚固。若想使建筑久存，还要从更为宏观的角度去考量。比如场地，**所有提过的合理技术均需要建立在合适的场地上才能发挥出最大的作用**。明代计成在写《园冶》时将《相地篇》置于首位，足见其对选址的重视。建筑的兴造也当如此，好的场所显然更利于延长建筑寿命。

倘若观察古村落、古城池乃至故宫几处重要殿宇组团的位置，我们可以发现，重要的建筑均处于河道的内弯处，而且最好背靠着山。这种选址技巧，传统上称为"攻汭"（图42）。一些文化甚至玄学方面的解释是，村庄处在弓箭般河道的内弯处更为安全，否则村庄会处在箭靶的位置，充满"煞气"。这当然是易于被受众记住的解释，但其背后的科学原理却被因注重传播效应而选择的神秘说法掩盖了。

攻汭，汭者，水之内也。我们把河流拐弯处的内侧以及河流交汇处的内侧都称为"汭位"。**汭位的最大优点就是安全**。因为河流在拐弯处，对外岸的冲刷较为严重，而对内岸的冲刷则较为舒缓。作为建设用地，外岸地基便较为空虚，容易塌陷，而且陆架入水较为陡峭，容易发生溺水或滑坡等情况。而内岸，也就是汭位，陆架入水比较平缓，不会有溺水的危险，而且地基也较为坚实，不会塌陷。

图 42 故宫水系平面与"攻汭"原理示意

即使不考虑安全因素，单从经济因素出发，也应选择汭位作为基地。河流拐弯处内侧水流速度较慢，故而会有大量淤泥滞留，此后将逐渐形成新的土地；而另一侧外岸的面积会不断减小。在中国几千年的农业社会中，耕地作为最重要的生产资料十分珍贵，故选择汭位是最为稳妥、安全和经济的。另外，汭位也易于防守，因为河流是天然的护城河。中国先民为了利用这一地理优势，常将城市或村落置于汭位。

近水利也要避水患，即**选址时要接近水源，且地势要高于洪水位**。背部若有山的话，地势显然是越来越高的，既利于防御，又方便取水，更不会受到洪灾困扰。基于以上原因，便逐渐形成了这种选址规矩。不论选城址还是盖民居，均遵从此道。后来便出现了人工汭位，比如故宫主建筑位于由太和门前的金水河所形成的汭位上（图43），而且故宫背后有景山。

现在，这种选地的方式依然可以与心理学发生联系。如果将水系转换为车行道，则所谓"汭位"依然是比较安全的。尽管现代建筑已经足够结实，但如果我们住在路拐弯处的外侧，会时刻感受到车朝向自己所处的位置开来，时间久了，难免会有隐性的压力。

图 43 故宫金水河（图片来源：摄图网）

水火相生

传统建筑的发展历程

瓦在早期建筑中的作用

建筑不仅是文化的、观念的，更是物质的——当我们透过建筑的形式，从建造的角度去考察建筑的历史时，会发现在某种程度上，正是工具和材料的发展推进了建筑的发展。然而，工具与材料的发展，直接与能源的类别与使用效率相关。

在古代，**建筑行业的进步几乎都与人们对火这种能源的利用与理解的进步有关，同时与解决雨淋、返潮等与水相关问题的能力有关。**

石器时代，人们还无法精确控制火的使用，莫说冶炼金属，即便是加工食物所用的火在最开始也非常不稳定。彼时，人们只能从一些观察中获得对火的认识，并逐渐学习在建筑的建造过程中使用它。比如通过观察，人们发现生过火的地面更加坚硬、更耐潮湿，于是逐步在建造中将睡觉之处用火烘烤以获得更为舒适的体验；而后认识到可以先将泥土塑成某个特定形状——比如圆筒——再进行烧结，便出现了最早的下水道和瓦（图44、图45）。因为产量非常有限，当时的瓦只能用在极重要建筑的局部，大部分屋顶仍需要依靠具有一定厚度的茅草来组成防水层（图46）。这反过来导致早期的瓦非常巨大，以便在屋脊或角部等处压住具有一定厚度的茅草。当时无法冶炼金属，无法制作金属工具，人们只能选用一些易于磨制的石材，通过打磨制作出石斧、石锛等基本的伐木工具，然后砍

图44 早期陶制排水管

图45 早期陶瓦

图46 河姆渡远古民居复原

伐木材从而获得建筑原料。这类较为粗糙的工具
只能用于最基本的斩砍，以及一些不精细的凿等
加工方法，这意味着对榫卯的加工有些吃力，只
能在木材合适的情况下制作一些非常初级的榫卯，
而建筑构件之间更多地仍依靠用藤蔓等材料绑扎
来连接。所有这些因素组合在一起，形成了早期
建筑的外部特征——早期的巢无论何种形式，其
屋面材料只能为茅草。其构造形式并非先有屋面
而后铺茅草，而是先将茅草整片固定于成排的圆
木上，再将其整体搭于木架上。这样，圆木便成
为斜梁。斜梁要承托整片屋面，故其必须与面阔
方向平行，纵架便自然产生（图47）。值得注意
的是，由两片茅草屋面搭接而成的悬山顶两侧，
下方仍面临挡风遮雨的问题。这时出现了两种解
决方式：两山加披或延长屋脊。尽管脊长檐短的
房屋通过横架—檩条的逻辑同样能够实现，但这
种方法几乎只适用于茅草屋面——若为瓦面，在
布置至边缘处时，将十分难以处理。

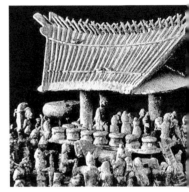

图 47　南越国长脊短檐陶楼明器

　　随着人们对火的使用逐渐娴熟，人类社会从石
器时代经过青铜时代再进入早期的铁器时代，工具
方面获得了长足发展，比如从石斧、石锛到铁斧、
铁锛的变化。人们砍伐木材的效率提高，同时加工
木材的精度也有了进步。于是**榫卯逐步取代绑扎，
成为木结构建筑中最为常见而方便的构造形式。**

随之一并发展的还有砖瓦的使用。自周至秦汉，瓦在重要建筑中逐渐被满铺使用，部分地面也开始出现了烧制过的砖。这导致上古时期常见的纵架—斜梁体系的建筑形态逐渐消失，取而代之的是横架—檩这种结构形式。通过对**周代建筑**的复原发现，其建筑**依然以使用斜梁为主**，推测是之前遗留的构造逻辑所致。考古中曾出土过大量周代的瓦，证明当时的屋顶全部以瓦覆盖。若细读西周建筑复原图（图48），我们会发现除了斜梁与檩，其上还存在荆条等十分繁复的构造层——由于瓦的独立性与方向性，最上层若非是板，则必为与斜梁同方向的构件（若与檩同方向，则瓦将处于不平衡或底面不平的状态），这就导致屋架层出现了重复状态，在逻辑与用料上均不甚合理，日后必将走向简化。

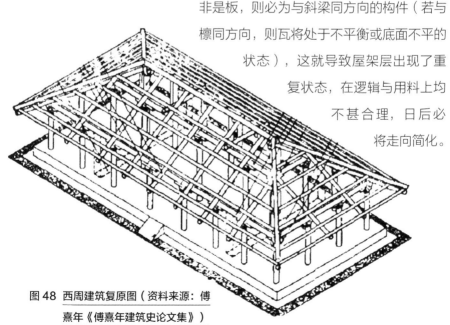

图48 西周建筑复原图（资料来源：傅熹年《傅熹年建筑史论文集》）

在**汉代建筑**明器中已经可以看到大量关于瓦屋面的直接刻画（图 49）。根据不同明器或者同一明器的屋顶推测，尽管其依然使用斜梁，但部分明器屋顶已经出现了举折现象，证明这一时期的**部分屋架檩已经开始取代斜梁成为屋面承重结构**。这一变化带来的好处在于，它不仅简化了冗余的屋面层，使其构造形式不会过于繁复，适应了瓦的方向，更给屋面弧度带来了灵活性以适应瓦的构造形式——布瓦时上片压住下片，交接缝朝下以保证屋面防水，这便决定了瓦的铺设方式是自下而上。《周礼·考工记》中提到"葺屋三分，瓦屋四分"，证明瓦屋面的坡度需要比茅草屋面平缓。这时，若以茅草屋面的坡度继续做瓦屋面，瓦会大面积滑落；若做得过于平缓，则不利于排水。解决办法便藏在横架—檩体系所带来的屋面灵活性之中——底层瓦比较平缓且较为牢固，能靠自身逐渐稳定上层瓦片；而上层瓦屋面则较陡，利于排水。综上，从设计的角度分析，可推测构造材料的变化或许是纵架—斜梁体系退化与举折出现的一大原因。

图 49 东汉陶楼明器

技术进步带来的变化

西汉时期出现了炒钢技术，铁制品完全取代了铜制品，中国彻底进入铁器时代。因工具硬度有了质的飞跃，**东汉以后，除土、木等易于加工的建筑材料外，石材也逐渐成为可利用的材料**。南北朝时期出现的众多石窟寺，也可反证冶铁技术的不断进步。

唐宋时期，炒铁与灌钢工艺大规模普及，夹钢、贴钢等技术也开始广泛应用，铁器的表面处理能力也一并得到提升。唐初，锯开始出现并逐渐推广，这使得解木工作变得简单易行，薄木板更易于获得，促进了木工分化，推动了小木作的发展。明代以后，刨子（平推刨）的推广则进一步推动了小木作的进步，家具等日常用品的制作技术得到极大提高。同时，家具的使用及美观需求日渐增大，硬木进入材料的使用范围，并与锻铁技术相互促进——榫卯的进步便是其中一个相当明显的方向。榫卯技术的提高又反哺了木结构建筑的建造技术，即以叠为主的殿堂式结构与以穿为主的厅堂式结构的建造技术逐步融合，穿的做法、榫卯的形式与种类在建造过程中所占比例大幅度提高，最终形成如今常见的穿与叠相结合的抬梁式结构。

明代开始对焦炭等高质量能源大规模利用（图50），不仅使铁质工具得到快速发展，也让制砖这一古老工艺的成本大幅度降低，于是**砖成为最主要的建筑材料之一**。由于砖的成本降低、性能提高，**硬山屋顶得以出现，墙变成了一个非常重要的建筑要素**。民居中开始大量出现院墙与合院，**城市界面也随之发生变化**——宋代与明清不同版本的《清明上河图》中对建筑的描绘便是很好的证明。同时，由于砖的大量使用，**屋顶形态也发生了改变**——出檐越来越短。唐以后，受北方游牧民族影响，胡凳、胡椅逐渐普及，人们席地而坐的起居习惯逐渐转变为垂足而坐，出现了桌椅等垂足家具。这带来的最显著变化是视平线的抬高，于是障水板得以出现，并从宋代开始逐步推广。明代，不仅家具的制作技术突飞猛进，以砖为主要材料的窗下墙也开始普及。随着砖工艺——无论制砖、砌砖工艺，还是桐油钻生的防水工艺等——的提高，窗下墙的性能也越发优异，柱脚处被墙体保护，逐渐不再惧怕雨水，出檐也不再需要那么大了。对照日韩的起居习惯与出檐关系，以及将我国宋式建筑

图50 《天工开物》中记载的关于煤的使用

图 51 中日建筑出檐比较（资料来源：董豫赣《玖章造园》）

柱高与出檐和明清建筑去掉窗下墙的柱高与出檐的比例关系进行对比，均可看出这种起居习惯导致视线变化所带来的上、下出檐关系的差异以及当中的某些一致性（图51）。20世纪前，日韩一直未改变席地而坐的起居习惯，其建筑出檐深度与柱高之比始终保持较大的数值。若将明清建筑的窗下墙高度从柱身高度中去掉，其裸露在外的木质部分与出檐深度的比例与宋式建筑的柱高与出檐深度相当接近。在大殿这类仪式性较强、等级较高的建筑中，没有窗下墙，由于其对彩画及地仗的工艺精度要求较高，也顺利避免了柱脚易腐烂的问题。于是，无论官式建筑、宗教建筑，还是世俗建筑，出檐呈整体变短趋势（图52）。诚然，从结构表现性来说，明清建筑不如唐宋建筑，但这不是结构的退步，而是结构对材料与需求的应变——**用更少的材料解决同样的问题，本就是建筑发展的一大动力**（此观点源于董豫赣《玖章造园》）。

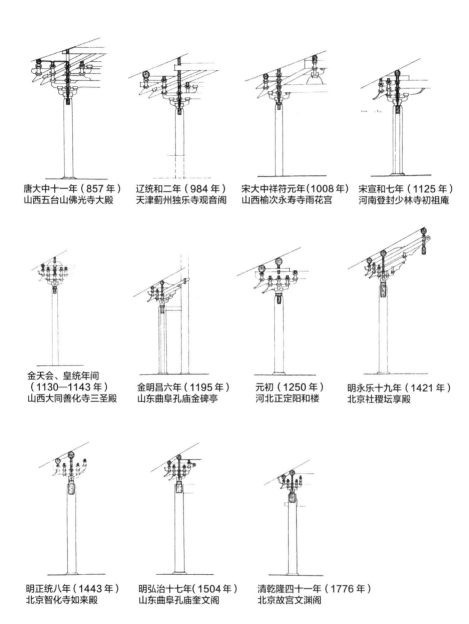

唐大中十一年（857 年）
山西五台山佛光寺大殿

辽统和二年（984 年）
天津蓟州独乐寺观音阁

宋大中祥符元年（1008 年）
山西榆次永寿寺雨花宫

宋宣和七年（1125 年）
河南登封少林寺初祖庵

金天会、皇统年间
（1130—1143 年）
山西大同善化寺三圣殿

金明昌六年（1195 年）
山东曲阜孔庙金碑亭

元初（1250 年）
河北正定阳和楼

明永乐十九年（1421 年）
北京社稷坛享殿

明正统八年（1443 年）
北京智化寺如来殿

明弘治十七年（1504 年）
山东曲阜孔庙奎文阁

清乾隆四十一年（1776 年）
北京故宫文渊阁

图 52 历代斗拱演变图（资料来源：梁思成《图像中国建筑史》）

模数与木材断面

冶铁技术的进步不但带来了工具的发展，还影响了从唐宋至清代的中国传统建筑中关于模数及木材断面比例的变化，即材分制如何逐渐走向斗口制。

模数制度的出现与应用，与其建造逻辑密不可分。手工业时代，建造逻辑又与能获得的材料及能加工的工具密不可分。

先看材料。古建筑的承重构件，要求材质轻、强度高、性能稳定。适合用作梁架的除楠木外，还有红松与杉木。适合凿眼的有红松、白松、杉木、楠木、桦木、杨木等，其中桦木与杨木又不适合做榫。真正适合做出透榫（对材料要求最高）的，主要是楠木、红松、杉木。其中，红松主要生长在东北，在古代不易运输；楠木生长缓慢，材料昂贵；而杉木大量生长于长江以南，生长较快，易于获得且易于加工，所以，**南方地区榫卯的较早出现，以及穿斗建筑大量而持久的应用，当与此密切相关。**

北方走的是另一条技术路径，即土木共同作用。柱子不仅用来支撑屋顶，也用来定位墙体，同时墙体也对屋顶起到一定的支撑与横向稳定作用。于是屋顶呈现独立完整的"铺作层"——其首要任务便是保持墙根与柱根不受雨淋，所用技术归根结底是依靠井干端头叠涩出挑。在这里，对木材的加工仅仅是将各处构件做成方体，在端头处用斧凿等工具各自去掉一半并进行相互咬合，所以工艺并不是首要考虑的因素，木料自身高度能够相互匹配便足够使用。囿于工具原因——在框锯并未大量推广前，木材开料仍靠裂解（图53），所以早期建筑中枋等构件最常见的截面宽高比是1：1或1：2（或许这也是"枋"字由来的原因），同时将木料外表加工成平面靠的是斧斤等工具而非刨子，所以早期建筑外观呈现在结构上的不经修饰的美实际与加工工艺相关。

从《营造法式》所述建造体系来看，中国宋代存在两种主流木结构类型，即殿堂式与厅堂式。殿堂式结构作为最主要的木结构类型，实际是从唐时北方土木层叠型的建筑发展而来的，其本质仍是井干式的层叠逻辑——在殿堂式建筑中，梁栿、枋等水平构件与柱的交接处仅仅在柱头，而后在上部相互层叠咬合形成"铺作层"，而梁栿之上的交接也多靠枋等构件调节高度，相互之间的关系为端部咬合而非穿透。主要梁栿需要在高度上与其上的各层枋匹配，才能保证各处交圈，所以其中重要的尺寸便是高度，同时因为逐层咬合，各材料底面宽度值没那么重要（逐层咬合后两端被固定，不易失稳），而此时框锯已被大量采用，可以尽可能经济地使用圆木，所以，从单根材料的截面上看，宋时可以取到最经济合理的截面比例 3 ∶ 2。

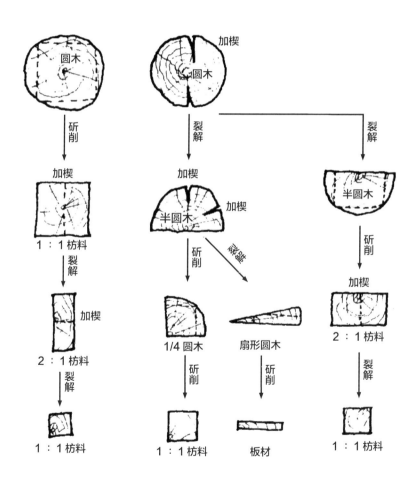

图 53 框锯出现以前的解料方式（资料来源：李浈《中国传统建筑木作工具》）

比较相同木材、相同截面惯性矩情况下的唐宋建筑木构件截面及所需原木直径最小值（图54），可见早期建筑中虽然同一原木中可取两根材，但其原木所需生长年限更长——树木越生长，树径增加越慢，"大材小用"本身对木作来讲是极大的浪费。

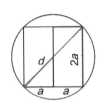

唐1：2
$d=2.82a$

宋2：3
$d=2.24a$

图54 唐宋建筑木构件截面比例及用料大小

材、栔是构件竖向构成上的基本单位。从构造节点的角度来看，以材、栔为祖的模数制度，当首先产生于水平构件叠接时，在竖向高度上相互配合的需要。**材栔制度着眼的是竖向尺度构成上的模数控制，其所反映的性质是结构意义的，是构造性的，**而横向尺度构成本身则同此制度无关。材栔制度仅以一定的折变率起到控制作用。

随着官式建筑的建设中心随都城南迁，而后又回归北方（建设中心宋时南迁，明代又将大量南方工匠与技术调至北京），南北方建筑技术不断融合。同时明代出现资本主义萌芽，民间作坊的大量出现也促进和提高了建筑材料与技术的发展。比如运输能力提高导致取材不再局限于某地，冶铁工艺的提高使建筑工具全方

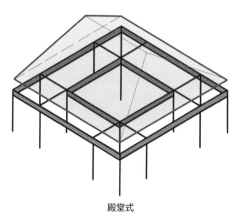

殿堂式

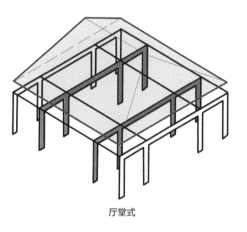

厅堂式

图 55 两种构造方式

面进步等。对煤与焦炭的运用提高了对火的控制能力，砖甚至琉璃的大面积推广使用使出檐也不再是最主要的需求，于是基于井干逻辑的殿堂式建筑因其耗费材料、上下两部分整体性差等原因逐渐退位，穿斗—厅堂逻辑的建筑开始成为通用选择——大殿建筑的屋架结构更多地采用成缝（榀）的屋架，面阔方向的构件开始只辅助承重，主要承担拉结功能。同时因屋檐出挑减小，为了排水顺畅，屋顶开始变陡，屋架的高度也不再靠叠枋来实现，而直接靠童柱来解决檩垫枋等水平构件的高度问题。**材分制度所更适用的基于井干逻辑的殿堂体系在清时几乎不复存在，取而代之的是融入大量穿斗逻辑的更似厅堂体系的抬梁结构**（图 55）。于是，原本调节枋高度所用的材的模度方式在构造上的重要性日益退化，大量的透榫出现在屋架之中，**卯眼的宽度成为选择材料与构成建筑的重要指标——透榫之中，卯眼宽度在材料与力学层面直接决定了被穿材料的最小宽度，这个最小宽度即控制造价的关键。**

从结构的角度看，由于厅堂式或穿斗式建筑中无铺作层，斗拱对整合梁栿高度与出挑的重要性并不明显，更多还是在面阔方向分担荷载，以及调整各间缝梁柱（屋架）之间面阔方向的间距，所以补间铺作逐渐从柱头方的附属垫块走向独立表现（图56），形成独立的平身科。在这个过程中，结构上发生了两个变化：其一，为防止较薄梁枋上补间铺作坐斗失稳，普拍枋开始出现；其二，由于补间铺作或平身科越发深度地参与了水平方向结构构成的过程，所以其大小与位置成为确立建筑屋架之间距离的重要参照因素。由于此处确立的距离全部为横向的，所以大小便由斗口宽度来计算，而位置关系则通过斗口倍数关系确认，即通常所说的攒当。

所以材分制度与斗口制度的区别在于，材分制度关注的是材料本体，是构件高度；而斗口制度关注的是材料交接，是节点宽度。

图56 补间铺作

清时各个构件的相对高度几乎都靠童柱等竖直构件来解决，这一方面解放了模数制度对高度的约束，另一方面却也带来了若下部水平构件宽高比仍为２：３，上方童柱易失稳的问题。若梁栿构件过薄，则榫头处节点强度不足，所以清时建筑梁栿的宽高比逐渐走向被很多学者诟病的５：６（图57）。若仍以相同截面惯性矩的方式计算，在承载量相同的情况下，清代所用单根原料确实较宋时稍大（图58、图59）。但需要注意的是，由于不再是层叠逻辑建造的殿堂式建筑，清代的抬梁式结构在建造体系上将构件大大简化，盖相同大小的建筑，其所用的木构件数及料的总量在理论上远远小于宋式建筑。

被诟病为模数失效的部分，全部在于高度层面的折算，但正是结构体系的转变，穿的做法与童柱的引入解放了高度上的限制，匠人在计算时才更为简便，下一步的设计才能在其应该发挥作用的地方更起作用。

清 5：6
$d=2.29a$

图 57　构件断面比例及用料大小

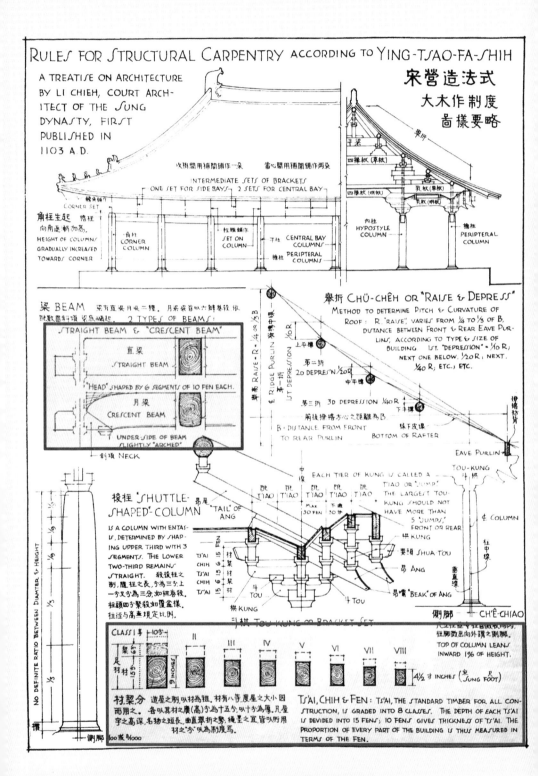

图 58 宋式建筑做法及构件断面比例（资料来源：梁思成《图像中国建筑史》）

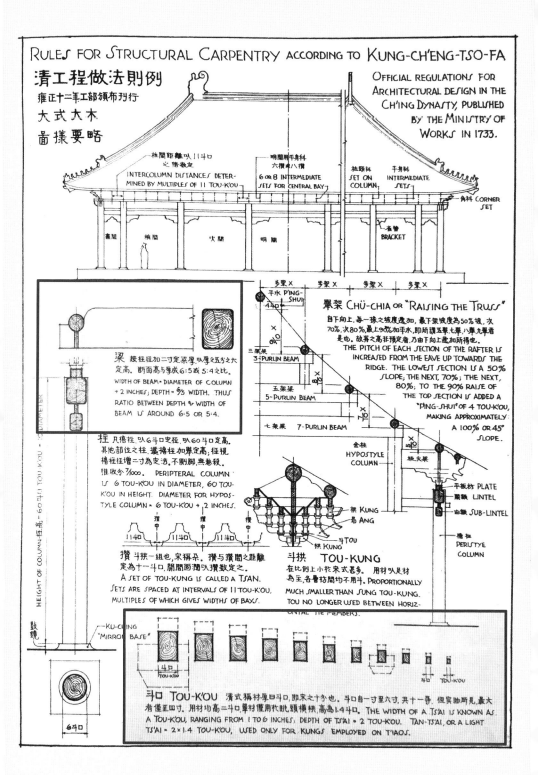

RULES FOR STRUCTURAL CARPENTRY ACCORDING TO KUNG-CH'ENG-TSO-FA

清工程做法則例

雍正十二年工部頒布刊行

大式大木

畫樣要略

OFFICIAL REGULATIONS FOR ARCHITECTURAL DESIGN IN THE CH'ING DYNASTY, PUBLISHED BY THE MINISTRY OF WORKS IN 1733.

柱間距離以11斗口之倍數定

INTERCOLUMN DISTANCES DETERMINED BY MULTIPLES OF 11 TOU-K'OU

明間兩平科 六攢或八攢

6 OR 8 INTERMEDIATE SETS FOR CENTRAL BAY

柱頭科
SET ON COLUMN

平身科
INTERMEDIATE SETS

角科 CORNER SET

盡間 稍間 次間 明間

者簪
BRACKET

HEIGHT OF COLUMN-柱高=60斗口 TOU-K'OU ×6 DIAMETER

梁 按柱徑加二寸定梁厚。以厚之五分之大定高。斷面高與厚成6:5或5:4之比。

WIDTH OF BEAM = DIAMETER OF COLUMN + 2 INCHES; DEPTH = 6/5 WIDTH. THUS RATIO BETWEEN DEPTH & WIDTH OF BEAM IS AROUND 6:5 OR 5:4.

柱 凡簷柱以6斗口定徑。以60斗口定高。其他部位之柱。據攢擋加舉定高。徑視簷柱徑增二寸為定法。不則腳。無卷殺。雍收分 7/1000。 PERIPTERAL COLUMN IS 6 TOU-K'OU IN DIAMETER, 60 TOU-K'OU IN HEIGHT. DIAMETER FOR HYPOSTYLE COLUMN = 6 TOU-K'OU + 2 INCHES.

攢中 攢中 攢中

11斗口 11斗口 11斗口

攢 斗拱一組也。宋稱朵。攢與攢間之距離定為十一斗口。開間面闊以攢數定之。

A SET OF TOU-KUNG IS CALLED A TSAN. SETS ARE SPACED AT INTERVALS OF 11 TOU-K'OU, MULTIPLES OF WHICH GIVES WIDTHS OF BAYS.

KU-CHING "MIRROR BASE"

鼓鏡

6斗口

步架× 步架× 步架× 步架×

平水 P'ING-SHUI

舉架 CHÜ-CHIA or "RAISING THE TRUSS"

自下向上。每一攢之坡度遞增。最下架坡度為50%坡。次70%。次80%最上90%加平水。即所謂五舉。七舉。八舉。九舉者是也。故脊之高非預定者。乃由下向上遞加而得也。

THE PITCH OF EACH SECTION OF THE RAFTER IS INCREASED FROM THE EAVE UP TOWARDS THE RIDGE. THE LOWEST SECTION IS A 50% SLOPE; THE NEXT, 70%; THE NEXT, 80%; TO THE 90% RAISE OF THE TOP SECTION IS ADDED A "P'ING-SHUI" OF 4 TOU-K'OU, MAKING APPROXIMATELY A 100% OR 45° SLOPE.

三架梁 3 PURLIN BEAM

五架梁 5-PURLIN BEAM

七架梁 7-PURLIN BEAM

金柱 HYPOSTYLE COLUMN

拱头梁

拱 KUNG

昂 ANG

拱 KUNG

斗 TOU

斗拱 TOU-KUNG

在比例上小於宋式甚多。用材以足材為主。各普枋間均不用斗。PROPORTIONALLY MUCH SMALLER THAN SUNG TOU-KUNG. TOU NO LONGER USED BETWEEN HORIZONTAL TIE MEMBERS.

平板枋 PLATE

闌額 LINTEL

由額 SUB-LINTEL

簷柱 PERISTYE COLUMN

斗口 TOU-K'OU

4口 TOU-K'OU

4口 TOU-K'OU

斗口 TOU-K'OU 清式猶材厚曰斗口。即宋之十分也。斗口自一寸至六寸。共十一等。但實施所見。最大者僅至四寸。用材均高二斗口單材僅用杭杭頭橫拱。高為1.4斗口。THE WIDTH OF A TS'AI IS KNOWN AS A TOU-K'OU, RANGING FROM 1 TO 6 INCHES; DEPTH OF TS'AI = 2 TOU-K'OU. TAN-TS'AI, OR A LIGHT TS'AI = 2×1.4 TOU-K'OU, USED ONLY FOR KUNGS EMPLOYED ON T'IAOS.

图 59 清式建筑做法及构件断面比例（资料来源：梁思成《图像中国建筑史》）

防潮避水的
不同方式

面对防潮避水的问题，比较不同地区传统建筑发展的路线选择或许能理解更多。

不同于中国很早就使用高足家具，从而解放了地面，日本绝大部分建筑在20世纪前仍采用高床建筑（干阑式建筑）的方式以避潮湿。高床建筑中，被称作"床"的构造设计并非是人的卧具，而是放置物品的"橱"。人们平时生活起居均在地板上跪坐或弯腰行动。正由于视平线一直处于跪坐高度，所以窗下墙这一元素不会起太多作用，而且由于高床式建筑的建筑平面是被木梁架在地平面之上的，所以地面木结构的荷载承受能力也决定了建筑中难以用砖做窗下墙。**日本建筑的檐口位置需要保证其木结构根部不受雨淋，故而屋顶的出檐需求始终巨大。**又因为必须解决室内外活动的需求，建筑中木制的缘侧以及广缘（即后来所说的灰空间）的大量使用，使得出檐不得不进一步增加，或许当今日本建筑师喜欢挑战结构极限的传统也由此而来。建筑中为舒适

图 60 日本枯山水庭园

起见，木地板之上又会设榻榻米，以便隔冷隔潮。但因为榻榻米很脆弱，所以进入室内的一个必然行为就是脱鞋，这作为一种行为文化至今仍在日本得以保留。脱鞋带来的问题是身体的活动范围被大大减小，尽管有广缘作为补充，但依然无法超出木地板的界限。

在这个基础上，人们对庭园的欣赏就会逐渐倾向于在某一特殊视点静观，加上视线的位置因素，这或许正是与盆景相似的适合静观的微缩景观——枯山水（图 60）得以蓬勃发展的原因（董豫赣《玖章造园》）。

关于隔潮，中日有着完全不同的选择——榻榻米与高足家具。不同选择带来的重要分化是，门的开启方式及其引发的门长宽比例的巨大差异。这甚至塑造了两国建筑在视觉比例关系层面的最大差异：日本的建筑乃至门窗形态较扁，呈现出极为明显的水平性；而中国建筑门窗形态则较为瘦高，并无明显的水平特征（图61）。

中国与其他文化交流较多，逐渐推广高足坐具，其建筑对地面要求不高，门槛、地栿等构件并非建筑的必要构件（门轴的固定方式并不必然需要地栿），墙体也可以持续土作或者砖作的逻辑，因此其构造特征难以与推拉门相适应。**而在日本，寝殿建筑、书院建筑两种类型最大的特点是其高床特征**，即架空的地面层——这一架空属性意味着在地面需要大量的枋来承重，这也为需要门下框或敷居（滑槽）配

图61 中国建筑门窗（图片来源：摄图网）

套的推拉门的出现提供了必要条件。架空意味着其上方不大可能出现砖与土墙，而全部是木结构的墙体。即便在部分学者的考古复原图中，采用木骨泥墙结构处出现过使用推拉门的情况，也因其过分易于损坏而不会被大量采用——毕竟门框的固定关系、门框在泥墙中的防腐措施不如纯木构架空的建筑逻辑来得合理。

不同于中国建筑对材料的理解，日本的同行们并不避讳"大材小用"，而更在乎"破芯取材"——人们逐渐发现木材的髓芯是含水量最高、密度最小也最易腐烂之处，所以后期会将原木破整为零，取不含髓芯之处加以使用，这使得构件多少会向纤细化发展。同时，寝殿建筑与书院建筑因其空间观念或朝向庭园的特征，建筑室内呈现出极为干净的状态，在解决家具问题时，所有棚、架、储藏家具等均布置于空间中与风景相对的一侧，甚至集中至建筑空间的中心，并与建筑共同设计制作。这就使得建筑结构被拆分，梁柱尺度进一步变小甚至家具化。因主要材料均经过破芯处理，不易再加工成圆柱，为了更好地与各个方向的木构件交接，他们最终放弃了圆柱抱框的方式，选择了与日本早期以及中国建筑不同的方形截面柱子，这也更利于推拉门的出现和使用。而后鸭居与长押居于其外，形成立面上与中国建筑不同的强枋弱柱的形态，也使推拉门越过柱位灵活使用成为可能。而在中国建筑或者日本早期建筑中，圆柱与细枋等并不适合使用推拉门。

结构的适宜还只是日本建筑中大量使用推拉门的充分条件，而非必要条件。真正令推拉门得到广泛运用的，还是与高床建筑相适应的起居习惯。

　　席地起居对地面材质要求比较高。不同于中国曾经席地起居时使用筵席（坐具）来解决相应问题，日本建筑室内直接走向了满铺榻榻米（图62）。其室内空间都受榻榻米模数影响，且地面全部为榻榻米占据——这使得方柱的使用更为必要。同时，不同空间之间的门的选择也一并发生改变。若为平开门，则其与榻榻米交接处的席子必然产生大量磨损，且因相邻空间均铺榻榻米，平开方向的选择显得尤为困难。此外，为适应起居特征和保护榻榻米，人们进入室内的必要程序是脱鞋，这便限制了人的活动区域。在希望接触室外时，檐廊、缘侧处的空间也同样为木地板，但因其上方屋顶出挑距离限制，缘侧处宽度不大，这也令平开门的使用十分尴尬——朝内开有磨损席子的可能，朝外开又会挡住缘侧的路。所以在光净院客殿中，外面两处唐门的使用更带有仪式性的特征，而平时均用推拉门。

图62　日本建筑中的榻榻米与推拉门（图片来源：摄图网）

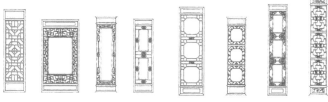

图63 中国传统隔扇（图片来源: 摄图网）及不同造型（资料来源: 董豫赣《玖章造园》）

进一步从门的角度讨论，考虑到门的强度，每扇推拉门可以做宽但不能太高，否则易于塌腰。同时，无论是以柱边为控制线的内法制还是以柱中为控制线的真制，均是从地面柱网开始设计，确定了建筑中细方柱本身的高细比。考虑到需要横贯连接的问题，长押高度基本也就固定了，而后空间便呈现出水平特征。反观中国的平开门与隔扇（图63），打开后其相当于悬臂结构受力，所以需要保证高度而尽量减小宽度。加之圆柱自身较粗以及屋顶逐步变陡等原因，最后呈现出来的空间特征也就与日式建筑空间大不相同了。

方圆几何

传统建筑的破译密码

几何，最基本的建造知识

建筑的发展，不仅受工具与工艺的影响，也受数学发展的影响，尤其几何学是建筑发展非常重要的影响因素。

几何源于丈量土地，故其第一属性并非文化或审美，而是工具性。

最早的村落形成之后，从各户之间的用地尤其是耕地开始有意识地划分以来，几何便成了最重要的学科。之后发展出的种种"规划"活动，无论是耕田的分配、郡县的划分，还是城池里坊的建设，都对几何提出了越来越高的要求。可以说，在古代社会，几何的发展状况在很大程度上能够决定一个地区和国家的社会关系和生产力，甚至能够影响该地区的制度建设。

在建造活动中，几何最基本的功能是对场地的处理或对构件的定位，前者决定放线，后者关乎支模。在无计算机等设备辅助建造的情况下，能够在图面上用尺规精确画出的图形，才有可能在现场用线进行完全投射，或在建造前精细地加工模具。能做到这两点，最终才有可能呈现出能够被建筑师充分控制的效果，而非完全依赖匠人的操作技术。

随着技术的发展，空间规模越来越大，几何关系开始被重视起来，这种关系，我们称为比例；同时在空间上，也对结构要求更加严苛。在前计算机时代，为了便于控制这些空间结构的组织，同样需要在平面、立面和剖面上精确支模（或者搭脚手架）定位，故在几何方面的要求也更高。人们使用几何，同时逐步被常见的几何关系影响，产生了带有文化特征的审美倾向。

在世界建筑发展历程中，西方古代建筑史有着非常悠久的重视比例的传统，无论是古罗马时期建筑师维特鲁威所著的《建筑十书》，还是文艺复兴时期阿尔伯蒂的《建筑论》，抑或帕拉第奥的《建筑四书》，都大量涉及古典建筑的经典比例与法式的追寻。其中最为出名的比例关系，要数文艺复兴时期欧洲建筑师们所提出的和声比例。"建筑是凝固的音乐"，人们深信建筑与音乐相似，其独特的美感来自于每个空间中各维度特定的比例关系。其中最重要的黄金分割比例，即 1 ：0.618，至今仍对全世界的工业设计有十分深远的影响。

当然，在某些优秀建筑或经典案例中，几何的作用并不只是作为定位工具，同时还试图参与解决建筑使用方面的问题。纵观整个世界建筑史，其中最有代表性的或许当属路易斯·康在其罗切斯特唯一神教堂的平面中对索尔兹伯里教堂柱廊院的传移模写。

如图 64（a）所示，若圆的半径为 R，则其内接正方形面积为 $2R^2$，而外切正方形面积为 $4R^2$，这意味着图 64（b）中的阴影面积与内部小正方形的面积相等。将此特性用于建筑平面设计中，便会得到索尔兹伯里教堂（图 65）或罗切斯特唯一神教堂平面中的设计（图 66）——讲台部分不

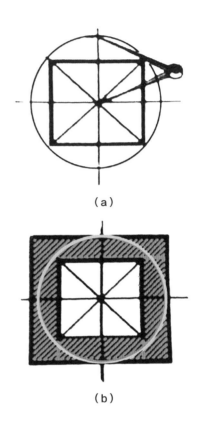

（a）

（b）

图 64 方圆作图几何关系（资料来源：朱曦《神圣与世俗的边界——欧洲中世纪柱廊院中设计的平衡》）

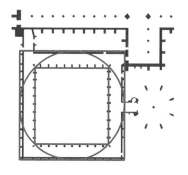

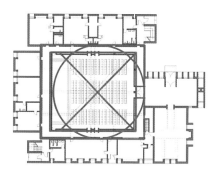

图 65 · 索尔兹伯里教堂柱廊院平面
构成（资料来源：朱曦《神
圣与世俗的边界——欧洲中
世纪柱廊院中设计的平衡》）

图 66 · 罗切斯特唯一神教堂报告厅平面构
成（资料来源：朱曦《神圣与世俗
的边界——欧洲中世纪柱廊院中设
计的平衡》）

计，在不同的使用状态下（包含但不限于疏散），讲堂内部与外部
可以容纳相同的人数，人们向讲堂聚集或离去时能够更加从容。路
易斯·康并未完全按照几何作图设计，而是削减了走廊的宽度，增
大了讲堂面积，这是由于讲堂中人群的存在往往是同时的，而走廊
中的人群却是时刻流动的。当我们跳出路易斯·康的设计，回头仔
细观察索尔兹伯里教堂的平面时，其实也可以发现这种古典时代就
已产生的精巧设计——尽管看上去符合几何作图，但扶壁和墙垛的
厚度都被算在走廊里面了（朱曦《神圣与世俗的边界——欧洲中世
纪柱廊院中设计的平衡》）。在这两个例子中，几何并非教条，而
是一种更高级别的工具——当我们理解了这些时，几何给我们的帮
助会变得非常大。

今天我们从学习的角度对建筑中的几何关系进行分析，就如炼金术中所讲的"理解—分解—再创造"的过程，是我们理解古代建筑的一把钥匙，而这把钥匙也能帮助我们打开当代建筑设计的大门。这种分析训练在建筑师的培养过程中十分重要——它与徒手尺规作图是同一件事情，是建筑学的基础，被称为建筑设计的基本功。这种基本功并非狭隘地训练线条绘制，而是逐步培养学生用基本的几何形体与常见角度处理场地并设计房子的能力：有了模数，有了几何，图纸和现场才有沟通的可能。

对古时候的中国工匠而言，无论从代代传承的过程看，还是从实际建造的角度看，几何都非常重要。往严重点说，在古代，不考虑几何的设计都是伪设计，因其难以实现。

换言之，几何的精确性与通用性是超越语言、工具、时代与地域的。**不论中外，几何都是最基本的建造知识或未经提取成知识的建造经验**。这从《营造法式》中反复强调的那张圆方方圆图，以及匠人们口口相传的圆周"围三径一"、正方形"方五斜七"、"方七斜十"、八边形"八楞径六十，每面二十有五，其斜六十有五"等口诀中便可确认，而"规矩""方圆""天地之和"等国人熟悉的字眼，也都体现着几何在古人追求建筑和天地与人的关系过程中所占的重要地位。

自营造学社刘敦桢、陈明达等前辈开始，到傅熹年先生、王贵祥教授，再到如今清华大学的王南老师等，前辈们不断对越来越精细的实测图纸进行反复计算，不断通过方、圆、对角线等辅助线与图形对中国古代城市与建筑规划设计的构图、比例与方法进行研究，至今已取得非常丰硕的成果。这些成果能够充分证明古代匠人在营建的过程中对方圆作图比例等几何工具一以贯之的迷恋与应用，这些应用逐渐与我们的哲学、思想、审美乃至宇宙观相互影响，相互印证，最终形成了我们共同的文化记忆。

只是那个数值，并不是被称作黄金分割比例值的 0.618。

历史无情，如今我们无法见到秦汉时期或者更早的实体建筑，但历史也时常会给我们一些小线索，让我们窥到曾经的人们实际的需要与心中的追求。比如从各种汉墓中发掘出土的汉代建筑陶楼明器。明器，即冥器，是古时候用于陪葬的器物，体现了那时的人们对死亡之后在另一个世界的美好想象。明器通常用陶等材料制作，以供逝者在另一个世界有充足而合用的财与物。陶楼就是明器中最重要的一个类别（图 67）。不同于实体建筑受限于人力、财力、物力、场地等种种因素，明器中的"建筑"，尽管是模型，有一定的抽象性与概括性，但其仍能很大程度上保留和反映彼时建筑技术的发展程度，最大程度地完整

图 67　明器中的建筑

表达古人对理想建筑形式的理解。今天，我们如果对那近千个陶楼明器进行测绘与统计，可以从中发现，具有院落的明器，无论规格体量如何狭小，其算上院落所围合出的"属于逝者"的那部分地面，总是要力求接近正方形。"天圆地方"这一对宇宙的基本理解，虽很难在现实的居住建筑中充分表达，却在陶楼明器这种"建筑"中被模拟出来。

更有说服力的例子，是历代辟雍的形式（图68）。辟雍本为天子所设的大学，后变为举行乡饮、大射或祭祀之礼的场所，也就是说，其精神意义更大于功能意义，形式上也更多地要照顾到当时的宇宙观。这从字面上就能理解。汉代史学家、文学家班固在《白虎通义·辟雍》中说："天子立辟雍何？所以行礼乐、宣德化也。辟者，璧也，象璧圆，又以法天，于雍水侧，象教化流行也。"这清晰地表述了辟雍中各种平面构图对天地的象征意义。傅熹年先生在分析汉代长安城南郊辟雍遗址的构图时，就曾清晰地指出："古人认为天圆地方，又以为祭天是天人之间的交通，故把祭天的明堂的图案设计成方圆图形的反复重叠。从总图上就可以看出，自外而内为圆水、方墙、圆基、方堂，最后为上层圆顶，共三圆二方，这和古人以外方内圆的琮为通天地之器的想法是一脉相承的，明堂平面实际为琮的图形的重复。汉以后历代所建明堂虽形制各异，但脱不了方圆图形的大轮廓，直到明清的祭天圜丘，仍是以外方内圆表示天地交通之意。"（王南《规矩方圆 天地之和——中国古代都城、建筑群与单体建筑之构图比例研究》）

图 68 辟雍

同样的构图，同样的方圆嵌套，不同于索尔兹伯里大教堂柱廊院中利用几何工具解决实际使用问题，在辟雍这些象征天地交通的建筑设计中，构图与比例更多地是在表达古人对宇宙的向往、对时空的理解以及对完美的追求。**平面确立后，对各个构件尺度的衡量与计算更需要精密而简化的数学工具，**我们很难说清在这一系列过程中是因几何的进步促进了建筑的发展，还是因建筑的需求促进了几何水平的提高。总之，**这种追求带来的基本作图法逐步变成了属于中国的一个形式语言。这个语言中一个很重要的数字，便是正方形边长与外接圆直径比，即 1 : $\sqrt{2}$ 。**

这个数字并非只在平面上反复出现，在立面各处控制与材料的折算过程中，因其作图的高效性与可控性，以及对朴素宇宙观的隐含指向，$\sqrt{2}$ 反反复复在各种重要控制点中出现，成为传统建筑——尤其是那些能够表达天地、神佛抑或皇权意义的重要建筑——中最为特别的比例关系。从佛光寺到皇穹宇，从西汉长安未央宫到清北京紫禁城，从唐长安到元大都，无论单体建筑、建筑群还是中国古代重要的都城，其中均蕴含着大量的通过模数网格实现的方圆作图比例。从规划到实际营建，通过对这一数字及其背后隐含作图法的娴熟运用，使整个过程既获得了稳定的标准与无可比拟的效率，又深深地将中国古人"天圆地方"的宇宙观和"天地之和"的文化理念体现在其中。

而后我们便能够理解并接受，为何傅熹年先生能够在佛光寺东大殿的剖面中画出一个精准的圆并将其与古罗马万神庙做平行对比。

著名艺术史家贡布里希曾经说："如果一个民族的全部创造物都服从于一个法则，我们就把这一法则叫作一种'风格'。"

尽管勒·柯布西耶宣称"建筑与风格毫无关系"，但那并非是对风格的否定，而是要求我们追溯形成风格过程中的那些重要因素与隐藏问题。我们无法漠视

建筑小知识

皇穹宇：始建于明代，位于圜丘坛以北，是供奉圜丘坛祭祀神位的场所。

不同地区建筑特征中的巨大差异，同时也应重视不同文化背景与材料技术选择所带来的不同结果及其呈现出的规律。所以，**在构成建筑的数理关系与几何关系的选择上，不同于西方对黄金分割的推崇，中国古代城市与建筑中的那个"密码"，或者说重要的艺术"风格"，正是方圆作图形成的经典比例，即 $1:\sqrt{2}$。这个"风格"巨细无遗、千年一贯，同样展现出了强大的生命力。**

对几何的追溯与理解，作用不止于在审美或精神层面能够更好地与古人沟通。当我们反溯不同比例关系在建造中的应用时，也能更好地理解彼时工匠那些不同寻常的选择。

比如，天津蓟州独乐寺观音阁与独乐寺山门的等级之辨（图69）——既然都说庑殿顶的等级要高于歇山顶，为何作为主要建筑的观音阁为歇山顶，而其前方山门却反而使用庑殿顶呢？

图69 独乐寺山门与观音阁

古代建筑随功用、方位、主人身份等不同而有极严格的等级差别。礼规范着社会秩序，同时也制约着古代建筑，使建筑在约束中"尊卑有分，上下有等"。按照礼的规范，历代建筑营造均遵从着严格的等级制度，甚至表现在量的约束上。如《礼记·礼器》中说"天子之堂九尺，诸侯七尺，大夫五尺，士三尺"，《唐会要》中规定"王公以下屋舍不得施重栱藻井；三品以上堂舍，不得过五间九架，厅厦两头，门屋不得过五间五架；五品以上堂舍，不得过五间七架，厅厦两头，门屋不得过三间两架……六品、七品以下堂舍，不得过三间五架，门屋不得过一间两架"，等等。可以说，中国古代建筑存在明确的等级制度，从重檐或单檐、间阔及构件用料尺度、油饰彩画的施用、艺术形象经营等多个层面影响着建筑的设计。

然而，现存各种古代建筑相关文献中，比如从宋《营造法式》到明《鲁班经》，再到清《工程做法》，均未发现对此两类屋顶等级定制的描述。即便在记录了建筑典章制度的著作如《唐会要》中，哪怕建筑等级制度规定繁多，却也没有涉及屋顶形式等级的表述。甚至在民国时期出版的《中国营造学社汇刊》中也并未出现明确描述中国古代屋顶存在等级制度的语句。这种等级规则，似乎只能追至梁思成先生的一些论述。不知梁先生具体的考据方法，推测是从晚清匠人口述或以紫禁城为基础的分析中而知，但至少这种等级秩序的出现不会太早，不应当以此秩序去套用早期建筑，毕竟紫禁城与独乐寺相差了400余年。

　　庑殿顶形式自有建筑形象以来就占建筑屋顶形象的主导地位，从战国铜器纹、汉画像砖、早期石窟及壁画等形象上均可得到确证。北方土木混用逐渐演变至井干式而继续发展的建筑构造，使用庑殿顶可保证四周井干层（后变铺作层）高度一致，而不存在山面三角形的封闭问题，这种演变逻辑十分自然——山面井干层作为三角形垫层的话，其构造要么不稳，要么费料，逻辑上难以成立。

图 70　歇山顶

　　从出土器物、石窟绘画、雕刻以及遗存实物在时空上的分布看，**歇山式建筑明显起源于南方，并逐步发展为南方建筑文化的一大表征**。南北朝时期，由于南北文化的大交流，歇山式建筑才开始在中原出现并逐渐流行，然后再以中原为中心，向西、向北扩散流行。歇山顶的山面模式（图70），是因为在炎热多雨的情况下顶棚易产生高温高湿，顶内的木构架如果通风不良，极易于脊下空间内形成"热死角"，引起脊部木构材料的湿热腐坏。要通风就要开口，开口就要防护，故形成歇山顶。当建筑空间随生产生活发展时，由原始的两坡悬山顶加上披檐便水到渠成地衍变成歇山顶。起源于南方的歇山顶在民居中应用普遍（甚至愈往南其使用频率愈高），是南方民居形态的本原展现。中国南方的建筑无论等级高低，歇山顶均占压倒性优势，而庑殿顶却难以找到，就很能说明问题。

歇山顶向北普及的同时，北宋与金代这一时期的官式建筑中庑殿顶占据的比重渐小。比如现存的北方建筑遗构几乎均为歇山顶（如太原晋祠圣母殿、登封少林寺初祖庵、正定隆兴寺摩尼殿与转轮藏殿慈氏阁等，隆兴寺摩尼殿见图71）。

图71 隆兴寺宋代摩尼殿

图 72 善化寺山门、三圣殿及大雄宝殿

即便如此，在建筑群的主体建筑中仍然经常运用庑殿顶，而且一般在后来历代重修或重建中被执着地沿袭。例如，现存辽金遗构大同善化寺，始建于唐，历经辽、金、元、明、清等朝代，其中建筑均有兵火焚毁或破坏的经历，而中轴线上连续 3 座主要建筑山门（金）、三圣殿（金）及大雄宝殿（辽），历经千年均保持使用庑殿顶，从而形成庑殿顶建筑群（图 72），可见辽金时期使用庑殿顶形制之繁靡。不难想见，至金以后歇山顶虽已大盛，但很多像善化寺这样一直维持北方固有形制而使用庑殿顶的实例在北方地区仍然非常多。如蓟州独乐寺辽构山门也采用庑殿顶，山西芮城元代永乐宫龙虎殿及三清殿均为庑殿顶，山西洪洞广胜上寺于明弘治年间重建后毗卢殿采用庑殿顶等，不胜枚举，说明屋顶形式难以单纯用等级制度来解释。

而独乐寺中，山门斗拱铺作数较观音阁少，表明其形制并未比观音阁高；同时如前文所述，如果独乐寺山门的庑殿顶为彼时常规做法，那么第二个问题来了：为什么观音阁没有用庑殿顶？

这看起来似乎是一道历史题，但实际上可能是道几何题。在用建筑等级制度难以解释的情况下，不妨将其建造在脑海中复盘，看一下会出现什么问题。

我们常说中国传统建筑是模数化的，而这种模数化的目的是快速建造。换言之，为了快速建造，必须尽量使之对称以使各个部件可以通用。那么，除了前后对称、左右对称，在转角处两面也必须尽可能对称才能减少工序，并使工艺更为可控。这就意味着角梁要极力保证与檐面和山面皆成 45° 角。由此可知，在不算推山矫正及脊槫伸出等处理的情况下，正脊长度约为面阔长度减去进深长度。

根据独乐寺实测平面中的数据可以发现其中一些几何关系（图 73）。山门

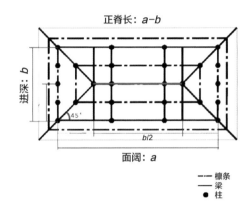

图 73 屋脊长度与面阔、进深的几何关系

面阔三间（16.63米），进深两间四椽（8.76米）。两者约为2：1的关系。而观音阁由于功能需要，面阔五间（20.23米），但进深为四间八椽（14.26米），约为$\sqrt{2}$：1。

所以，在山门中，庑殿正脊依然保证了面阔一半的长度，其进深不大，且高度较小，能被人完整地看见，整体舒缓而飘逸（图74）。

如果观音阁的屋顶也做成庑殿顶，则正脊只剩6米，不及面阔的1/3，甚至比山门正脊的基本值还小，加之其进深大，正脊在平面上本就离观者远，又位于极高处，使其在透视中显得更短，会使观音阁屋顶看起来十分扁平，缺乏体量感，且可

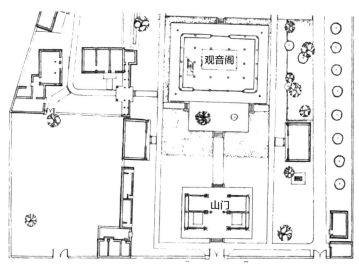

图74 独乐寺平面局部（资料来源：郭黛姮《中国古代建筑史第三卷·宋辽金元建筑》）

能接近攒尖。鸱吻与正中宝瓶距离过近，不仅比例上奇怪，也会因为正脊过短而产生其他问题。比如使观音阁整体在空间中的面向不够明确，使其在山门处类似于"过白"（过白是中国古代建筑中建筑间距的一种处理手法，要求后栋建筑与前栋建筑的距离要足够大，使坐于后进建筑中的人通过门槛可以看到前一进的屋脊，即在阴影中的屋脊与门楣之间要看得见一线天空。独乐寺为反向操作，即在通过前方建筑——山门的门槛时方才刚好能看见后方建筑——观音阁之全貌且其上留有一道蓝天。见图75）的操作失效——正脊难以与山门后檐形成的框发生视线关系。同时，对观音阁内部通高两层的佛像头部空间的挤压也是一个很大的问题。

图 75 独乐寺山门中对框景与过白的运用

从何处使用几何

在了解了几何在传统建筑中的作用后，接下来的问题是：传统建筑设计中的基准面在什么位置——既然几何工具如此重要，我们应当从何处开始使用它进行设计呢？

在日常生活中，我们经常听到"万丈高楼平地起"的说法，也经常听到类似学习要"打好基础"的告诫，这些话语基本都出自建筑行业。

确实，基础不坚实，一些精巧的设计都将成为并不牢靠的"空中楼阁"。基础对于建筑的建造来讲非常重要，一切建设活动都是从对场地的放线与平整以及对地基和基础的处理开始的。**建造活动的开端，有时并不是设计的开端，很多精彩的建筑甚至不得不始于"空中"，尤其对于我们中国传统建筑来说更是如此。**

正如勒·柯布西耶所言，建筑设计的开端始于其平面（"平面是生成元"——给建筑师的三项备忘，见勒·柯布西耶《走向新建筑》）。然而，这里所说的平面是否具有东西方或者古今差异？对于中国单体大木建筑而言，这个平面到底指什么？

在前文中，我们曾提到过"侧脚"这一概念。不同于现当代混凝土框架，由于木结构之间需要防止脱榫，所以柱子要同时做侧脚与生起，以将屋架重力分解而获得通过柱头枋指向明间的挤压力。柱子侧脚的存在，使得《营造法式》中那个平面图——地盘分槽图——所绘黑点的位置到底是柱脚还是柱头成了一个值得思索的问题；另一方面，由于减柱造与移柱造的判断标准是此分槽图，证明无论柱子如何减少与移动，所谓"槽"的形式是不变的——这使得槽到底是不是柱网也需要思辨。

这说明地盘分槽图所绘制的是铺作层平面图——柱子无论如何移动删减，只要梁架构成符合各槽形制，就当以该槽判断其规制。这不仅是当下考证结构形式时的需要，更是彼时设计的需要。只有保证梁架基本尺寸固定，各铺作斗拱才能用模数来讨论；且由于殿堂建筑的分层属性，梁架固定，柱头位置固定，柱脚如何侧实际均不影响屋顶的交圈。

同样，从《营造法式》中的剖面——即侧样上看，殿阁等几铺作几槽草架侧样是标准描述，而这描述中除了包含槽型，还有通过几铺作描述出的槽的深度。而槽既然自身表述带深度概念，则更加证明不能仅仅将其当作柱网，而应将其作为梁架平面加以分析。

建筑小知识

《营造法式》：宋代李诫所作，是北宋颁布的一部建筑设计、施工规范，是中国古代最完整的建筑技术书籍，标志着中国古代建筑已经发展到了较高阶段。

所以，**传统大木建筑尤其殿堂建筑的结构应当是从屋架开始设计的。**梁架优先成为设计法则，使得每个单体建筑都获得较为规则的形式；梁架平面即铺作层，则成为设计的基准面——从铺作层或斗拱层开始，先确认槽的深度或斗拱层数；而后向上架屋顶，向下撑柱子，柱子自身并不在设计秩序中的首要位置。这一方面似乎证明了丹麦建筑师约翰·伍重在其早年关于中国传统建筑代表——太和殿的速写手稿中所表现出来的敏锐，另一方面使得中国传统大木建筑在结构逻辑上，相较于外观近似的日本建筑中那十分复杂无序、名为"小屋组"的屋架构造而言，更为清晰而有秩序，从而获得一种独特的美感（图76），令殿堂建筑因结构而呈现出一定的纪念性。

图 76　山西五台山佛光寺，典型的中国传统殿堂建筑

如今，建筑保护工作者在测绘时不仅要测量柱脚平面——其与地面交接的部分，是木结构建造的开端——更要反复校对柱头平面。无论是宋式建筑中对"铺作"的测量，还是明清建筑中对"攒当（斗拱间距）"的核对，都需要严格而准确的柱头平面数据——那是所有木结构设计的开始。或许，在传统工匠的话语体系中，将木匠这一行当称作"中线行"，反复强调"以中为法"，在说明所有木结构构件加工之初与安装时要格外注重木材的中心之外，或许也是在说，建筑在匠师们头脑中开始形成的时候，是从中间开始再向上下发展的吧？

对"以中为法"更有说服力也更有挑战的是多层建筑设计。

在传统建筑中，楼阁等多层建筑在向上建造时，由于需要拼接叠加，通常会令各层柱脚逐层内收，整体形成上小下大的形态，以利于结构稳定。为了高效，古代建筑是大量构件同时加工的，这就意味着需要高度的模数化设计。那么，从何处开始确定这个影响整个建筑标准的数值便成了一个最主要的问题。

或许对于两三层的建筑而言，自底层开始设计并非难事，但对于五层建筑来讲，若以底层为基准进行尺度设计，对各层构件材料使用及榫卯尺度等整体换算就会过于烦琐。这时，选择中间层作为基准取整，而后向上向下分别计算，显然更为合理而高效。在应县木塔（图 77）中，我们可以看到这一选择的真实应用情况。具体而言，木塔的尺度构成以第三层为基准，其通面阔与层高直接取整而选择 10 米（30 尺），而后以其

图 77　应县木塔（图片来源：摄图网）

1/20，即 0.5 米（1.5 尺）为模数，依次递增或递减而形成了各层的尺度。这种处理方式，使得工匠们在加工构件时，不会被过于琐碎和复杂的尺寸所困扰。这是出于效率考量的结构优化问题所带来的设计基准面的抬升（张十庆《〈营造法式〉与"以中为法"的模数构成》，见表 2）。

表 2　应县木塔尺度构成分析

木塔层数	侧样尺度构成（层高）		地盘尺度构成（面阔）	
	尺度	构成模式	尺度	构成模式
第五层	8.75 米	17.5A	9 米	18A
第四层	10 米	20A	9.5 米	19A
第三层（中层）	10 米	20A	10 米	20A
第二层	10 米	20A	10.5 米	21A
第一层	10 米	20A	11 米	22A

（资料来源：张十庆《〈营造法式〉与"以中为法"的模数构成》）

同样，在现当代的高层建筑中，从标准层而非第一层开始设计，也是出于效率的考虑。但与施工效率不同，这里更强调的是空间利用的效率。诚然，底层更具有公共价值，顶层也更容易做出空间质量，但在高层建筑设计中，占据主导的功能空间以及使用最多的部分实际上却是标准层。优先保证标准层的空间质量及使用效率以及优先保证对使用者的意义显然更大，将柱网、管线等限制条件放在标准层中确定，而后再进行底层和顶层的协调，相对来说更容易也更合理。

图 78　古崖居外观

图 79　云冈石窟佛像及明窗关系

如果将视野从石头砌筑的空间转向在石头中挖出的空间，会发现从上部开始设计的现象更为普遍。在北京延庆的古崖居中（图 78），通过对山体外层和室内长度的测量大致可以推算出，分室墙的厚度和隔墙基本一致，这个数据在 400 毫米左右，吻合石墙的材料性能。说明这个庞大的挖凿工程，如果从受力的角度来分析，它应该是自上而下来建造的——毕竟只有自上而下开挖，才能不断减少荷载以最小化各处结构的尺寸，从而获得最大的空间。这种自上而下的建造方式需要很强的控制力，说明建造者在建造之前就在头脑中有了极其清晰的"设计图（至少是设计意图）"，抑或他们对山体有着极其全面的了解和丰富的经验。

无独有偶，大同云冈石窟中的种种迹象也表明其开凿过程是自上而下的（图 79）。无论是斩山痕迹（窟外断面），还是雕凿造像的过程（自上而下才能进行精细加工，若自下而上，则上部雕凿的碎石会将下方工作砸坏），乃至造像的比例（坐像比较正常而站像普遍腿短，且有站像的石窟地面较其他窟更低，可推测此现象或因自上而下建造时控制力还不够所致），均指向了自上而下考量所有要素的方式（彭明浩《云冈石窟的营造过程》，见图80）。这件事对建筑设计的意义不仅在于提醒我们可以从上方开始设计，而且同时表明窗或运料口的设计不仅可以让光进来，也可以让废料出去。这意味着其位置安排的本身也是极大的设计——就像日本丰岛美术馆那样。

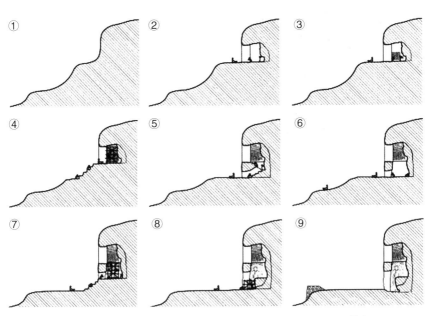

图 80　云冈石窟的开凿过程示意（资料来源：彭明浩《云冈石窟的营造工程》）

图 81 丰岛美术馆

丰岛美术馆（图 81）是西泽立卫为内藤礼的一个水滴作品而设计的，着重考虑材质与空间，但在实际设计及施工中，几个洞口，尤其上方最大洞口的位置、大小、方向等的重要性似乎更大——由于是一个整体的混凝土壳，其施工工艺为先堆土而后铺设钢筋浇筑，再将土挖走，这就意味着其洞口除了要在合适的位置为展品提供适宜的光线与视觉环境外，还要用于内部土堆清除。如何在两个方向之间选择最合适的平衡点，成了此案中十分关键的一步。

从形式上讲，很多人将丰岛美术馆与古罗马万神庙做平行讨论，但从工艺及窗的意义上思索，会发现那实际就是一个极简版的云冈石窟——建造的形式会随着材料与时间不断变化，但建造的智慧却从未过时。

芥子须弥

传统建筑的视听设计

**建筑的
层次感**

对于中国传统建筑尤其宫殿及宗教建筑而言，经济成本只是影响因素之一，更为重要的是在一个场所中明确尊卑顺序，确定等级上下。对于一个建筑组团而言，在其还没建设之时，其中每个建筑单体的开间数量、进深大小、高度多少，乃至檐有几重、屋顶什么样式、飞檐上有多少个小兽、彩画什么样式等便都已确定。因此，**各个建筑形制的确定对于设计来讲非常重要。**

外观的极度相似，带来了另一个误解，即中国传统建筑都大同小异、千篇一律，没有特殊设计。事实上，**形制规定多数情况下针对的是外观，对内部构架乃至空间格局并未做过多限制，这就给过去的工匠留下了非常大的设计余地——**工匠可以通过选择或结合不同的建造逻辑与结构方式，打造不同的空间形态，从而更为准确地将不同空间的主要意图表达出来。所以，尽管形制要求严格，但外形的固定并未导致中国传统建筑内部空间彻底僵化。

这类对人们的视觉与听觉需求具有一定设计反馈的特征，在宗教建筑中更为明显——尽管古代佛教寺庙改为道教宫观而更换、重塑像设或庙宇重建而像设不变等情况时常发生，给人一种中国建筑与像设关系并不紧密的印象，但毕竟宗教建筑面临的空间问题更为直接纯粹，更易于抽丝剥茧地看到建筑设计时对于结构及空间的考虑，而在研究中也确实令人惊喜地发现有很多将像设与建筑结构整体考虑而明确区分使用空间、展示空间的案例，这有助于我们判断古代建筑作品的高下与巧拙。**对于考古学或建筑史研究而言，结构技术的发展程度、合理性，细部装饰纹样及源流，建造年代和修缮次数等均可作为重要的价值判断标准；但对于建筑师来讲，学习如何判断一座古建筑设计的好坏或许更为重要。**既然建筑主要解决生活上的各种实际问题，我们就可以在明确问题之后将解决该问题的完善程度作为设计质量的判断依据。人们对建筑的需求与对空间的愿望通常是建筑设计之初首要考虑的问题，而后带来的结构上的变化则是建筑对于空间愿望的解决方式。

比如，受财力、物资的局限，不同地区、不同庙宇的造像尺度具有很大差异，"小庙容不下大佛"这句话原本便是指这类情况。面对不同大小、不同精细程度的造像，信徒们的心却同样虔诚。如何通过不同的空间处理手段，对不同尺度的造像环境进行设计，以表达对造像所代表的佛或神的尊重，则是最常见的问题。如果更加细致地设计，则要充分考虑各造像重点之处的视觉呈现，包含但不限于观赏位置、观察角度、光环境等。

比如，如何在一组空间中突出较小的造像，使之成为能够被感知的空间重点，是最常见的问题。除了在造像周围通过复杂的装饰或直接通过家具、佛龛等小木作对其进行视觉强化外，也可通过对建筑结构的调整将其在宗教建筑中的重要性表达出来。后者主要包含两条路径：**一是改变进深，压缩空间深度，即减小建筑内用于供奉神像的圣域空间的深度；二是通过改变各层次面阔的关系，使各层界面逐次形成画框，形成视觉焦点。**

第一种关于空间深度的调整，比较具有代表性的例子是位于浙江宁波保国寺的宋代大殿（图82、图83）。保国寺大殿宋构部分面阔三间，进深三间八架椽，属于典型的九间堂构造——内柱四根，檐柱十二根，单檐歇山顶，厅堂构架，明间两缝主架为八架椽，屋前三椽，栿后乳栿用四柱形式。正如前文所说，厅堂构架并非一定要求前后对称，但在仅有三间且具有四面坡（歇山顶）的情况下，

图82 保国寺大殿（图片来源：摄图网）

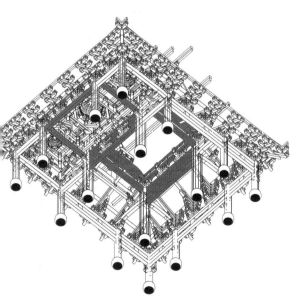

图83 保国寺大殿仰视轴测图

选用前后不对称的屋架对于檩条交圈提出了较高的设计要求。进深大于面阔这种形制在佛教建筑中并不常见，或许可以作为解读木构架前后不对称设计的切入点——因殿自身形制较高但尺度较小，其中所容纳佛像并不大，故而需要调整圣域空间的空间深度以匹配佛像尺度，前金柱内移对祭拜空间大小的改变并不明显，但空间深度的改变对人们感知佛像及佛坛尺度的变化却具有立竿见影的效果。张十庆老师的保国寺宋构复原图中提到原有室内外分界就在内移的金柱位置，也更说明这一目的。此外，由于厅堂建筑构件的线性特征并不擅长表达领域，为强化不同领域的空间特征，除在祭拜空间采用斗八藻井外，还在四根心柱之间大量使用枋，以表达殿堂建筑特征并围合出领域感，也是值得关注的设计手段。

第二种突出小佛像的方式，即改变空间的层次关系，则需要更为复杂而细微的处理手法。

先将空间极端压缩，看到底何为层次。不妨先以带有空间感的雕塑为例，压缩过空间的建筑更接近于三维造型艺术中的浮雕。根据压缩空间的程度不同，浮雕被分为高浮雕与低浮雕两种雕刻基本形态，也被称为深浮雕与浅浮雕（图84）。这两种浮雕的区别在于：高浮雕表面凸出较厚，形体压缩程度较小，浅浮雕则反之。

对比图84中的浅浮雕与图85中的佛像石雕，佛像的空间层次明显更丰富。技术上，佛像石雕前部虽未突破表面，但内部接近圆雕，且有多个平面。层次感并非仅取决于平面数量——并不是将多个浅浮雕简单前后并置便更有层次——同时还在于通过减少对视觉中心部分空间的压缩来增加空间信息：佛像石雕中，位于中心的佛陀不仅依附于最内层底面，其相对于两侧菩萨空间深度的压缩更少，外部更突破了第二层平面（图86）。

图84 两种浮雕形式（上图为深浮雕，下图为浅浮雕）

图85 佛像石雕

图86 佛像石雕层次分析

表面的作用在于将观者的视点阻挡在浅空间之外；从四周到中间逐层后退的平面强调出了视觉中心，而在中心处突然靠前的雕像则强调出了此处的深度，使整个浅空间获得了层次感。

当我们理解了层次感的获得之后，再来仔细审视这个石雕中建筑要素的作用，可以发现：塑像及其壁龛形象是完整的，建筑要素起衬托作用，将塑像和周边区分开来，限定观众视线，烘托塑像，依靠不同图框增加平面层数（图87）。

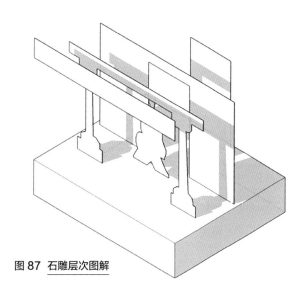

图87 石雕层次图解

芦原义信在《外部空间设计》中提出三个重要的视线仰角：18°、27°和45°。 18°的观察仰角（即观察距离等于观察对象高的3倍）是从群体角度看对象全貌的最佳视角；27°的仰角（即观察距离等于观察对象高的2倍）是看建筑个体的最佳视角；45°的仰角（即观察距离等于观察对象高）是观察对象个体的极限视角，此时对象显得高大而有压迫感。我们将尺度从石雕放大到石窟，看一下当人可以进入时，如何将简单的空间处理得更有层次。以甘肃麦积山石窟为例来分析（图88），可以发现，45°视线时室外檐下的位置刚好包含了帐眉顶部，金柱位置则包含了佛顶到帐顶的部分（即传统佛像背光的高度），这就使得佛帐成为佛像的边框。而抬高建筑檐柱则是为了照顾崖面远处观看的需求，配合山体从正立面上看，建筑要素也构成了佛帐及佛像的边框（傅熹年《麦积山石窟中所反映出的北朝建筑》）。从观众到佛像，由远及近的视角切换中，始终有佛帐和建筑立面等图框形成的平面，而重重图框又是以佛像为中心进行设计的，这就出现了三重对话空间，因而显得丰富而有韵律。

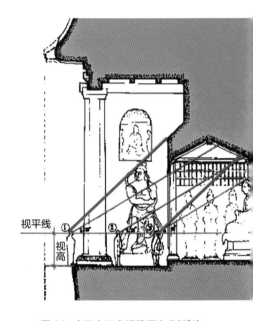

图88 麦积山石窟视线层次分析（资料来源：傅熹年《麦积山石窟中所反映出的北朝建筑》）

在现代的舞台设计中，因其常常需要在有限的空间中表现较大的场景，所以也常出现如上文所述的通过增加平面、丰富层次，从而在浅空间中表现空间深度的情况。然而，舞台背板实际与结构并无过多联系，舞美设计也并不能直接等同于建筑设计。那么，传统建筑中会如何操作呢？

空间设计的深度

对单体建筑而言，尽管在实际建造中难以形成如砖或山般具体的表面，但我们可以通过退让足够的距离使建筑形象得到一个较为完整的立面。于是，院落这一虚空场所对某个单独建筑而言便有了空间意义。而建筑内部的平面与图框则可以通过调整墙体、屏与纵架来获得，山西汾阳北榆苑村的五岳庙五岳殿（图89）便可谓是一个典型的例子。

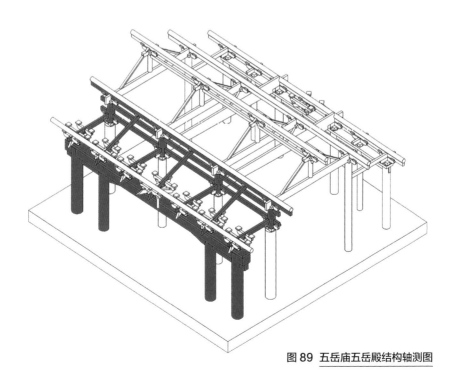

图89 五岳庙五岳殿结构轴测图

据考证为元代建筑的五岳庙五岳殿，坐北朝南，其前方为院子，隔着院子正对戏台。其面阔三间，进深三间四椽，室内外分界为前金柱位置，檐廊进深仅一椽距离，故而主要的祭拜空间仍为建筑外部的院落。柱网同时采用了减柱造与移柱造——减去室内后金柱以使佛像的领域不受干扰，直接用三椽栿承托屋架，彻上明造；前檐柱处则运用纵架逻辑，将明间两檐柱向两侧移至补间铺作下方，使正面明间实际为两间大小，靠斗拱劄牵与其后屋身相连以保持整体性（金柱处于栌斗上，再接蜀柱，以同时进行横架与纵架结构的转换交接），跨度则用巨大的檐额解决。檐额长贯三间，并出柱口；檐额下绰幕枋出柱长至补间，相对作三瓣头，整体与《营造法式》所描述檐额做法高度吻合，属于比较典型的大檐额，使此殿具有十分强烈的正面性表现特征，与人们的视点相适合——于院落处观察，完整的立面轮廓形成了表面，两檐柱、绰幕枋与檐额、台基的厚度共同形成了第一层较大的框，砖墙留出的门洞于中间形成第二层框，两层框嵌套，最后将明间的佛像烘托出来，减小了因空间深度带来的展示问题，使较小的佛像在立面上呈现出接近于平面或浅浮雕的特征，突出了佛像的重要性。

建筑小知识

彻上明造：是指不做天花或藻井，屋顶梁架结构完全暴露，人在室内抬头便可看到其结构的做法。

劄牵：长一椽的梁，梁首放在乳栿上的一组斗拱上，梁尾插入内柱柱身，不负重，只起相互连接的作用。

在面对较小造像时，减少结构深度，将空间扁平化是凸显造像的有效手段，但在面对巨形造像时，观赏距离则成了设计者主要面对的问题。在河北正定隆兴寺主殿摩尼殿中（图90、图91），由于其内槽容纳着极其巨大的佛像，且背后是巨大泥雕，两侧为同样高大的壁画，这就对人们观赏这些事物所需要的空间深度产生了极高的要求。摩尼殿为重檐歇山顶，平面金箱斗底槽副阶周匝，面阔七间，殿身进深八架椽。为满足对造像、泥塑及壁画的观赏距离需求，需进一步加大空间深度。这时，由于其自身体量及规格已经足够巨大，再改变主体屋架进深就不太合适了——尺度过于巨大将导致空间无用，且造成材料浪费——于是便从副阶周匝处屋架做设

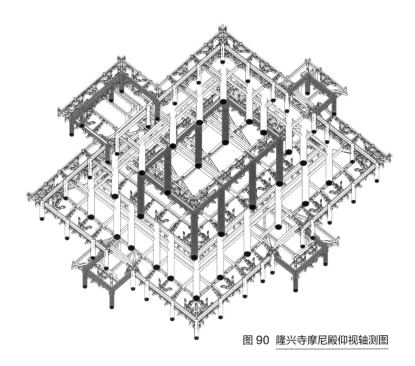

图90 隆兴寺摩尼殿仰视轴测图

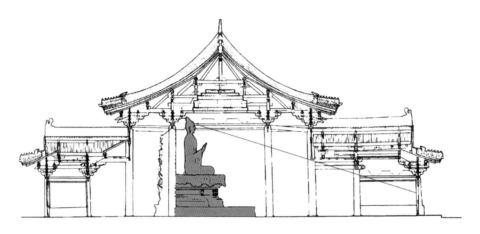

图91 摩尼殿视线分析（资料来源：郭黛姮《中国古代建筑史第三卷·宋辽金元建筑》，有修改）

计突破，将东西南北四个方向正对内槽之间以连架逻辑将屋架方向扭转继续伸出，形成名为"抱厦"的空间。仔细看平面会发现其四个抱厦可以分为三种——南抱厦、北抱厦和东西抱厦。南抱厦为正立面，进入后为参拜空间，体量最大；北抱厦面阔、进深各一间，为欣赏泥塑的退让距离；东西抱厦则分别为观看东西壁画提供空间，同样为面阔、进深各一间。然而，东西抱厦和北抱厦属于两种不同的做法。北抱厦屋顶檩条与大屋顶檩条交圈，形成整体，椽在内部断开，使之在内部也有空间面向；而东西抱厦的做法更类似加建：檩条与大屋顶搭接而不交圈，椽在内部连续，是一个连续的坡面，故而在内部可以感受到这是属于过渡性空间。四个抱厦看起来相同，但实际空间给人的感受因为构造不同而主次分明。这样的操作既保证了在使用最少木料的情况下增加空间深度，同时还避免了通过直接增加进深带来的檐口高度降低的问题，使四个方向的檐檩依然保证交圈，无论在保证空间高度上还是结构稳定性上都更为简洁有效。由于内槽本身呈 U 形平面，佛坛深度较大，为匹配其空间尺度并表达大殿的正面特征，除在抱厦屋架处将南抱厦与其他三向屋架做出开间数量及尺度的区分外，东西两侧抱厦构造逻辑的改变及副阶檐椽的存在也同时提示了建筑的主导方向。此外，从檐柱到内槽柱柱间枋的位置不断抬高这一做法同样值得注意，因其是保证观赏视线不受干扰的必要存在。

这种通过增加抱厦将参拜空间的光线调整至适合观赏程度的操作也同样出现在了摩尼殿北面的慈氏阁。若观察慈氏阁剖面，我们会发现厅堂屋架前金柱被减去，且菩萨造像呈极度向前倾斜的姿态。在减柱操作后，不落地的前金柱与大梁之间靠平盘斗相承，但两前金柱在楼板枋以下位置并无木枋相连。这个去枋的操作配合造像的倾斜使得空间意图十分明显，即在一层空间中尽最大可能全景展示菩萨的全身像。为了更好地达成展示目标，其前方必须留出一定的室内观察距离，这就使楼阁前加抱厦以扩大空间深度成了十分必要的空间操作——观察处需处于室内较暗的光环境中，以避免出现参拜者在外部亮处无法欣赏室内暗处像设的情况。

建筑小知识

抱厦：顾名思义，就像抱着正屋、厅堂，是在建筑前后接建出来的小房子。

厅堂与殿堂的不同设计

面对巨大的造像，空间设计的作用是仅仅提供深度和光环境吗？是否还存在其他设计可能？我们若继续精读慈氏阁并将其与类似的容纳两层高菩萨像的观音阁比较，会发现古时候的设计精度并不局限于此。

慈氏阁位于河北正定，为北宋开宝四年（971年）前后所建（图92）；观音阁位于天津蓟州，现为辽统和二年（984年）重建的形制（图93）。尽管学界按照朝代区分，将观音阁视为辽构珍宝，而仅将慈氏阁视为隆兴寺宋构中摩尼殿与转轮藏殿的陪衬，但二者地理位置及时间均较为相近，其观念、工艺以及结构发展程度难以出现重大差异，且均为带平座腰檐的歇山顶两层楼阁，内部也都容纳一座超尺度的观音像，所要解决的两个问题（保证容纳观音像与楼阁稳定性的平衡）较为一致，因此可以在此平行讨论。

图92 慈氏阁室内

图93 观音阁室内

从外观形制角度观察，除建筑在空间序列中的等级不同所带来的开间数量与斗拱形制差异外，二者与通常所见带平座腰檐两层楼阁（如正定开元寺钟楼、保定慈云阁等）的重大差异在一层、二层各有一处：相较于通常的带腰檐歇山顶两层楼阁而言，慈氏阁一层入口处多出带歇山披檐的一间抱厦，而观音阁则于二层平座明间处向前挑出形成一小段平台（图94）。除此之外，其外部与其他传统大木楼阁建筑所呈现出的形象极为接近。

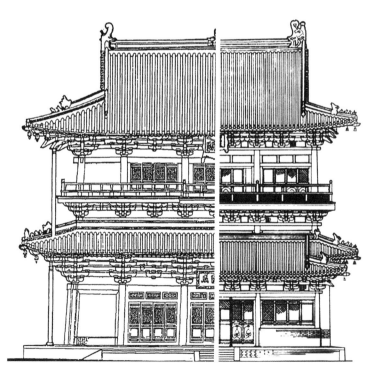

图94 慈氏阁（右）与观音阁（左）立面比较

　　不同于外观上表达出的相似性，二者内部构架呈现出极为相异的状态：慈氏阁采用厅堂减柱造，后金柱为通柱，无结构暗层，且下层施永定柱造；而观音阁则采用殿堂造金箱斗底槽式样，设平座暗层，暗层内设斜撑以维持平座稳定，并于暗层上部内槽处施四根抹角梁，将平面抹成六角以加固暗层结构。

　　既然同样为展示其内部超尺度的观音像，为何构架差异如此之大？如果仅从寺庙中空间等级的角度讨论结构形式，仅能得到厅堂造与殿堂造之间的应用规范，而无法了解当时的展示设计，也无法解释为何此处出现内槽抹角与永定柱造两种不同的结构加强操作，更遑论结构形式的选择对空间的帮助。但若从结构形式与像设匹配的角度讨论，则或许能看到更多。

　　顺着前面提到的问题，继续观察慈氏阁的剖面（图95），会发现减少连系枋的做法尽管使得全景的展示十分突

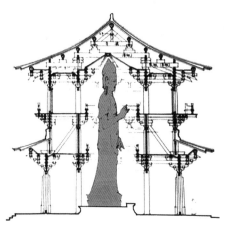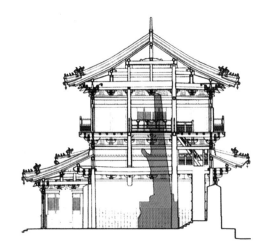

图95　慈氏阁（右）与观音阁（左）剖面比较

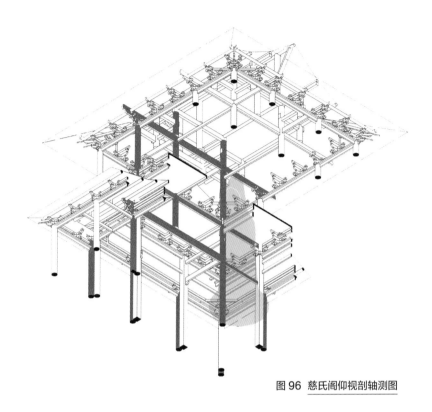

图 96 慈氏阁仰视剖轴测图

出，但也导致了出现结构上屋架之间整体性不强的情况。为解决这一结构问题，在不干扰视线的情况下，此处大胆运用了永定柱造——在阁身外附加一圈柱，运用其上斗拱与枋将身内构架箍成一个整体，以维持屋身结构的稳定。**为进一步减小结构对视线的干扰，永定柱造柱截面的调整成为此阁结构中最为细致的设计**：位于立面墙内的八对柱截面均为外圆内方，以求在内部观察时由放大的方柱遮挡住外部柱头，而在外部观察时又显示出圆柱的常规做法；而其在明间处永定柱的处理则刚好相反，将辅柱截面变小变方以求伪装成抱框，让人忽视其存在，以避免分散人们对高大菩萨像的关注，从而使该造像的展示更为彻底、准确（图 96）。

当我们将视线转向与慈氏阁存在类似问题的观音阁时（图97），会发现尽管观音阁前巨大的月台似乎是为众人欣赏高大的观音像而设，但实际上由于室内外光环境的不同及其殿堂造的层叠逻辑——尤其是平座暗层的存在——使人们不仅在月台难以看到观音像，即使进入阁内，在一层也难以有合适的视角观察造像全身。对于高大造像的展示，慈氏阁在结构与空间上的设计似乎已经做出了十分巧妙的示范，但为何13年后的独乐寺观音阁重建中并未采用慈氏阁的方式呢？

既然于一层处的空间与结构并无针对造像的特殊设计，而外部的平座出挑、内部的斜撑抹角又均是分层后针对二层的操作，加之不同于慈氏阁中将楼梯藏于菩萨像背后的设计，观音阁中向上的楼梯直接朝前置于显眼位置，那么不妨大胆猜测一下：一层与平座仅仅作为另一种台基，负责抬高参拜者的视点，而**此阁的空间设计重点在于平座之上的二层**。平座于明间出挑的平台不仅可以让使用者从室内走出远眺或容纳更多信徒对造像进行观摩参拜，其自身的出挑与其上的人们更成为对从山门进入的人以此阁空间重点的外部提示。平座暗层处斜撑的大量使用可视作其阁楼设计预设使用人数众多的一个佐证，而将内槽平面抹成六角除了使平座层更为坚固合理的结构意义外，更重要的在于其空间意义——这个六边形使二层在一定程度上消除了原本平面上呈现出的正面性特征，而使环绕活动成为可能。再观察屋架，由

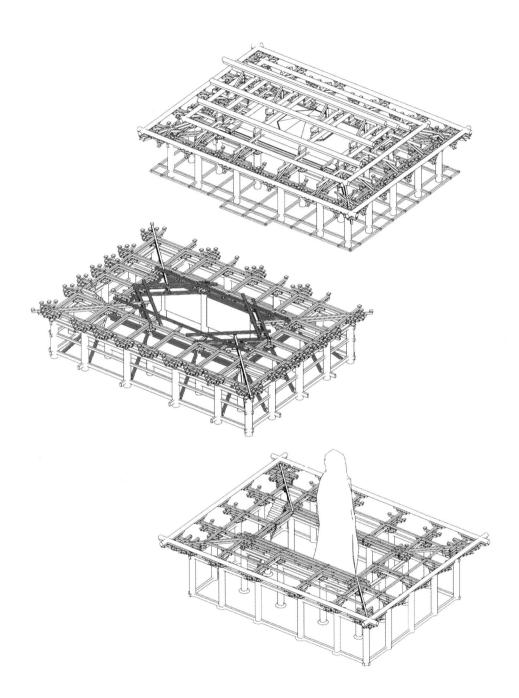

图 97 观音阁分解轴测图

满铺平暗消除内槽中梁的深度而带来空间区分后，明间一处单独斗八藻井的使用也使空间呈现出环绕的特征。以上所有这些设计均将空间重点指向二层当心间处，那么到底是怎样的缘由需要这些或明显或隐匿的设计使人非要到二层呢？

将目光聚焦于菩萨像，我们可以发现，不同于慈氏阁中所供造像，此阁之中所供佛像为十一面观音（图98）。正因为佛首之上存在的不同朝向的10个小头无法从一层欣赏，才通过种种设计引导人们走向二层，而此阁二层的六边形平面给空间带来的环绕特征也因小佛头的朝向而显得尤为重要。在此之外，佛像的正面性仍应当被重视，加之明间平座的继续出挑，人们与佛像的距离可能更远而使视线被结构遮挡，故而将内槽明间处额枋减去以更好地表现佛头的精美。

同样是面对超尺度的造像，慈氏阁空间中对造像观法的设计是为了表现其精美的全景，而独乐寺观音阁中的所有空间设计则是为了展现造像的近景与特写。厅堂与殿堂两种结构在此充分展示出其面临不同问题时各自的空间特征，并呈现出极高的设计质量。

图98 观音阁二层照片

建筑的听觉设计

传统宗教建筑的重要作用并不仅仅在于容纳造像或为各种宗教活动提供一个合适的场所，而是力图从各个角度将该宗教的精神传递给更多可能相信宗教的人们。造像、壁画、彩画、建筑结构的数理含义，都希望尽可能地讲述某些宗教故事，或隐喻宗教教义。**在针对视觉感知的设计之外，也有一些针对听觉感知的设计。**

在传统宗教建筑的空间布局中，钟楼、鼓楼的设置是最为明显的针对听觉感知的设计。如果仅仅将钟鼓楼视作僧人生活方式的晨钟暮鼓的物质化表现，实际是小瞧了长期发展而来的钟鼓楼中存在的关于听觉的处理。由剖面上看，从放置钟鼓的亭子变为钟楼与鼓楼，将钟鼓提升到一定高度，不仅为声音向外传播减少了阻挡，更无意中通过建筑的方式在钟鼓之下制造了一个共鸣腔，使声音更为浑厚响亮，二者共同作用，声音才能传得更远。由平面上看，常见的伽蓝布置方式中，钟鼓楼通常在空间序列靠前的位置，甚至在建筑群的院墙之外便可看到。这种布置方式将院内的钟鼓楼转化成一个具有一定公共功能的场所，即其钟鼓声并不仅仅服务于寺院内的僧众，也借机影响寺院周围的人群——这使得定时的钟声与鼓声成为人们生活中最为常见的声音要素，潜移默化地吸引更多的信徒。

在西方的教堂中，人们所使用的空间通常非常高大空旷，且周围很多都为石质材料，所以其中的混响时间非常长，这也是牧师或主教在布道时说话节奏普遍偏慢，而教堂音乐普遍强调多声部的空灵效果的原因——若非如此，快节奏的声音遇到长混响时间，在听觉上极易产生混乱。诚然，中国传统建筑中空间的尺度很难与西方的教堂空间相比，但多数大殿的尺寸也远不止 17 米——这意味着空间内产生的回声能够被清晰地分辨，而这无疑会对发声者产生一定的干扰。很多空间，尤其是诵经之处，室内挂满经幡或帷幕，很大程度上抵消了这一影响——但其原本更多是出于象征性的考虑，此作用或许属于无意之举。

那么，在单个建筑内，是否有针对听觉的特殊设计呢？考察一些密宗建筑，我们注意到了穹顶与藻井的功能。**在小空间中，穹顶与藻井不再只是空间等级与领域的象征，而是准确地提供了声音强化的功能。**

建筑小知识

穹顶：穹形的屋顶。

藻井：古代天花上常饰以水草纹样，有避火的寓意，所以也被称为"藻井"。

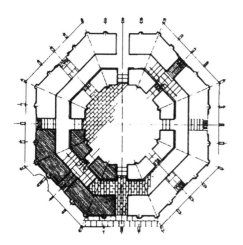

图 99　万部华严经塔七层平面

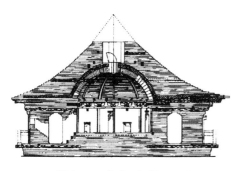

图 100　万部华严经塔七层剖面

位于内蒙古呼和浩特的万部华严经塔（图99），便是一个很好的声音设计的例子。万部华严经塔建于辽代，由于它通体是白色的，所以也被称为"白塔"。此塔原为辽丰州城佛寺中的藏经塔，塔高55.5米，基座周长56米，呈八角七级，砖木混合结构，楼阁式。塔的第一层南面有塔门，篆书石刻"万部华严经塔"方额，嵌于塔门的门楣上。七级塔身各面以倚柱为隔，分作三间，柱枋斗拱皆为仿木砖构，每层置平座，并以斗拱支撑。该塔除基座实心及七层中空如庭之外，其余诸层皆以外壁、回廊与塔心体构成一筒壁式结构。**恰恰是顶层的空庭上方有一个半球形的砖砌穹顶，由于其尺度较为低矮，使位于顶层正中央的人所发出的声音经过聚拢反射回人耳时有增强的效果**（图100）。由于该塔为藏经塔，顶层常常有僧侣坐在正中面对空庭后方佛像诵经，而较小的声音经过聚拢与强化后返回诵经者耳中，听起来像是从天上传下来的诵经声，从而让僧侣感到神奇进而更加虔诚。

这种关于诵经活动与上部界面共同设计的方式，还见于北京智化寺藏殿。藏殿是智化寺二进院的西配殿，因殿中仅置转轮藏一具，故名"藏殿"。藏殿殿堂貌似普通，殿内却保存着珍贵的木制转轮藏。转轮藏与智化寺京音乐及藻井一起被视为绝世艺术珍品。北京现存三副转轮藏，雍和宫和颐和园的转轮藏都是清代所制，而智化寺的转轮藏是明代所制，已经有 560 余年的历史，显得尤为珍贵。轮藏是能旋转的收藏佛经的橱柜，有自强不息之意。智化寺的转轮藏全高 4 米多，外观为八面棱柱体，分为底座、藏经柜和柜顶三部分。转轮藏上的神像、法器和各种花鸟，雕刻技法纯熟，英武庄严、栩栩如生。底座为汉白玉石质须弥座，每层雕琢纹饰为卷草、莲瓣，束腰处则雕二龙戏珠纹饰；底檐上刻法螺、法伞、白盖、莲花、宝罐、双鱼、盘长等佛教吉祥纹样。转角处雕金刚力士，肌肉遒劲，姿态英武，同心协力扛起巨大的经橱。中部为金丝楠木的藏经柜，每面各有横向 9 排、纵向 5 列共 45 个藏经的抽屉，8 面总计 360 个，可藏 360 部经卷，数量与一年的天数基本吻合。信徒围绕转轮藏走一圈，就表示诵读完了一年所要读的经书。每个藏经抽屉表面都雕着一尊佛像，坐在双层莲花座上。藏经抽屉按照千字文的顺序排列，更适合汉族佛教徒的检索习惯。转轮藏的顶部雕有精美的数层莲座，一尊毗卢遮那佛（又称大日如来佛）面东而坐。佛像面目慈祥、体态丰腴，斜披袈裟，露出一臂，衣纹飘动，显示出至高无上的威严。

图 101 智化寺藏殿室内

值得注意的是，因为转轮藏体量宽大，佛身隐进藏殿的藻井中，若在殿中必须到角落才能看到。但这明显不符合常规的佛教造像的陈设展示方式，其精美的雕刻若无法被广泛意义的信徒所欣赏，则必有其他之用（图 101）。若仔细观察造像整体，就会发现其莲座较常态更大，尤其前部似为有意空出，且考虑到其受密宗影响，或许该毗卢遮那佛像本就不是为公众所设，而更多是为具有特殊身份之人供奉。曾有相关研究指出，在此藏殿中，重要之人可借助梯子抵达轮藏上方，坐于莲花座前部，面朝毗卢遮那佛进行诵经活动，而其头上的藻井则与万部华严经塔的藻井功能相似，不仅有视觉及宗教意义上的庄重，更能大大改变人们的听觉感知。通过对声音的反射，使诵经者耳中所闻的声音大于口中发出的声音，令诵经者更能感受到宗教的力量。在个人变得更加专注与虔诚的同时，因其声源的位置抬高与隐蔽，使位于地面的信徒也能听到不知从"天空"何处传来的诵经声，进而达到更好的宣传效果（图 102）。

图102 智化寺藏殿轮藏顶部藻井及佛像

在此,想顺势引出一些相反而有趣的例子。

图103为典型的教堂平面,其中标注"讲坛"处,即主教或牧师所使用的讲坛。随着教堂尺度的不断增大,讲坛从主祭坛前方逐步分离。这是因为若讲坛仍在该处,一方面主教与信徒距离越来越远,视觉上难以强调主教;另一方面,整个空间除深度外,宽度、高度均飞速增加,这使得主教的讲话会产生过于明显的回声,

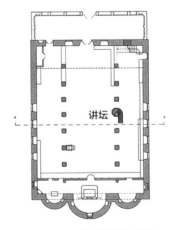

图103 西方教堂讲坛位置示意

图 104 教堂讲坛位置与形式

不利于声音传递。所以，后来讲坛通常不再位于唱诗班或后殿圆厅主祭坛等所处的轴线上（图 104）。

讲坛从教堂后殿及唱诗班区脱离后，会使用大量装饰性要素将其与周围环境加以区分，以突出其神圣与独立，于是也就形成了各类十分精美华丽的讲坛设计（图 105）。在抬高讲坛高度、充分利用地面回声以改善讲话声音传播的同时，其上部的罩棚意义也变得越发重要——尽可能减弱声音从天花拱顶处的反射——毕竟位于较靠近轴线区域的讲坛到两侧墙壁通常不过 30 米，且中间有大量曲线形束柱反射声音，多

次回声形成混响，影响不大；而到光滑拱顶动
辄四五十米的距离中通常没有任何遮蔽物，回
声时间远远超过人耳对声音的辨别时间，会造
成极大干扰，而木质的罩棚则能提前将向上的
声音吸收，从而使之尽量向两侧传递，使音效
得以大大改善（图 106）。这或许也是延森·克
林特（Jensen-Klint）在其代表作管风琴教
堂（Grundtvig's Church）中将所有肉眼可
见的要素均用砖进行简化表达，但唯独保留了
木制罩棚的原因。

图 105 多种多样的教堂讲坛设计

图 106 管风琴教堂中的讲坛设计与木制罩棚

　　可见，西方宗教建筑中出于对宣教效果的考虑，同样有着很久远的控制声源高度及反射面的设计传统。**东西方所用的两种方法，一种是在加强建筑上部对声音的反射，一种是在减弱建筑上部对声音的反射，其目的却一致：使更多的人听清说话者的声音。**

　　不同的人们面对相同的问题，在不同的场合下给出了方式不同却同样精彩的解答。

面向未来

传统建筑的新生可能

风格与建筑

　　对从事建筑设计的人而言，如何从留存至今的传统建筑中汲取关于现当代建筑设计的力量，是我们必须面对的问题。

　　能够提供力量的，是纹样，是符号，是风格，还是结构形式？

　　中华人民共和国成立初期，前辈建筑师为了找寻我国建筑设计的形式语言，曾经陷入一种对传统建筑"大屋顶"及"木构和彩画"等特征进行模仿的泥潭。

　　虽然那一时期的建筑作品中不乏佳作，但当我们今天重新审视的时候，即便能被称为"佳作"的建筑作品，其设计亮点也并非屋顶，而是其他部分。绝大部分建筑过于关注外部的形式与组合，使它们的外部和内部空间几乎没有亮点。更有部分建筑几乎成为公认的失败之作，似乎其存在的意义就是为了给后人以警示。

　　单纯地进行形式模仿，在很多情况下终将走向失败。或者说，盲目地追求风格，可能会出现很多奇怪的问题——比如在传统建筑彩画和园林建筑的铺地中，我们就能够看到盲目追求形式所带来的可笑结果。

　　在传统园林的地面中，除了方砖或一封书等庭院中常见的墁地方式，我们还经常能看到一种"人字立砌"的铺装方法（图107）。从材料自身的角度讲，若想铺满相同面积的地面，采用立砌的铺法最为浪费材料，那么为何这种铺墁方式却会在园林中大行其道呢？

　　实际上，"园林"二字意味着三个方面的特征：**首先，传统做法的园林中，路本身不会像庭院中的铺地般特意做垫层及做平处理；其次，园林中大量的高差地势需要路面随之做出应变；最后，路自身在平面上也是随地形的变化而改变。**

图 107　苏州园林中的人字立砌地面（图片来源：摄图网）

在这种没有垫层做平的情况下，砖的下部界面各处接触到的地面面积不同，若平铺则受压后易于碎裂，难以维护；而在有高差的情况下，其平铺也很难在不做台阶踏步的情况下随地形变化，且其角部互相挤压容易碎裂。

解决以上问题的方式便是立砌，除协同受力保证坚固外，将一块砖平铺的面积变为多块，在局部受力过大时仅是几块砖下陷一些接触地面，却能保证整体在视觉上的完整。连续爬坡或下坡时，只要将其逐渐稍微错开便可解决，接近高中物理中的微元法——通过立砌出现的小截面将坡度拟合出来。

前两个问题用立砌得到了解决，第三个问题，即平面上的自由，则由人字砌法解决。依然是用微元法的思路，只是需要将图底关系转换，目光从砖看向砖缝。

若将砖平铺，砖缝有限，在路径平面复杂时，要么砖缝过大，要么只能切砖，难以保证路径在视觉上的完整。而一字立砌在转弯处尽管将原本的一个大缝隙拆分成了几个小缝隙，但实际上只有横缝在参与调解，竖缝并不起作用。若路稍宽的话，在端部依然能看到大缝隙；而一旦遇到直角弯，若不改变铺地砌法，则方向变了，若改变铺地砌法，则十分难以处理。而人字立砌的好处在于，给砖提供了两个方向的自由度，遇直角弯，稍微调整接茬处顺序就能继续铺设而无明显变化，遇弯路则通过多处砖缝不断找补就可将缝隙分散，在总体上达到视觉变化较小的效果——毕竟施工中，砖缝的意义有时是大于砖的。

由于其形式被称为"人字立砌"，后来便被附会上"踩小人"或"万人之上"的含义，其背后的科学道理却被人们忽视，甚至遗忘。人字立砌具体做法所生成的图案变成了某种单纯的图案，进入了设计师们的电子图库，而后便慢慢被当成符号被不假思索地加以运用——在如今的很多设计中，原本不必使用人字立砌之处也按此法铺设者比比皆是；而在使用时未注意方向之处也不胜枚举——由于方向错误，人字排布的砖扭转 45°变为水平或垂直排布，至边界时便产生多种规格不同的砖需要逐个去砍的情况，即忽略了人字立砌可通过调整砖缝而消化边界剩余空间的巨大优势。

丧失了对物质和技术的理解而强行附会文化含义会给建筑带来很多问题，材料、工艺、预算等实际问题都可能会因此而变得非常棘手。**而不求甚解地使用装饰符号**，虽然不会导致这类严重的问题，**但其结果也容易南辕北辙，贻笑大方。**

在传统建筑中，装饰是一项必不可少的工作，而装饰图案几乎都是常规的几何形体，比如圆形、方形及其变体。传统建筑中，常会将圆形图案赋予一些吉祥的寓意。这些图案存在一定的复杂性和文化属性，不大可能完全由工匠现场设计，那么就找成熟的有吉祥寓意的圆形图案，比如汉代瓦当上的图案。汉瓦纹样常直接用于装饰中，被称为"仿汉瓦纹"。这种瓦纹会出现在很多地方，比如出现在梁架的彩画上或者室内的墙体裱糊中（图108）。

图108　故宫三希堂室内裱糊

　　如图109所示，墙体裱糊中出现的图案是"延年益寿"，而图110中彩画上的纹样则分别是"寿"字与"亿年无疆"。这都是从流传下来的汉瓦中选取对户主或者对家国有重要寓意的词句，用在非常重要的建筑装饰之中的例子。

图109　"延年益寿"汉瓦纹样　　　图110　彩画中的"寿"字与"亿年无疆"纹样

图111　"亿年无疆"汉瓦拓片（资料来源：《秦汉瓦当拓本》）

　　"仿汉瓦纹"的名字使这种纹样在吉祥寓意之外又多了一层尚古的美感。而在圆形装饰图案中寻找汉瓦并进行模仿，则成为一种常规做法（图111），或者说一种"风格"，被各地彩画匠人广泛使用。但若不理解各种"汉瓦"纹样及文字中所蕴含的寓意，而将其简单地当作可以抄袭或复制的"风格"而直接使用，就会出

现一些令人啼笑皆非的现象——比如将图 112 所示汉瓦上的
篆字直接画在彩画上（图 113），但这里写的"右将"二字
实际是汉代的官名，该瓦或许原本只是作为地点标记使用。
很多匠人实际并不认识篆字，误以为所有汉瓦图案都有吉祥
之意，而将这种图案原搬照抄，这种情况需要尽量避免。

图 112 "右将"瓦当拓片（资料
来源：《秦汉瓦当拓本》）

图 113 彩画中汉瓦纹的乱用

建筑的氛围

勒·柯布西耶在《走向新建筑》一书中反复强调"建筑与风格毫无关系"，便是对风格化设计这类陷阱所隐藏危险的警示。而对这种陷阱的危险，讲得更为具体的则是艺术史家贡布里希：

　　……对艺术史已经有所了解的人往往会掉入类似的陷阱。他们看到一件艺术品，不是停步观看，而是搜索枯肠去寻找合适的标签。他们可能听说过伦勃朗享名于chiaroscuro——这是表示明暗对照法的意大利术语——于是碰到一件伦勃朗的画就很在行地点点头，含糊其辞地念叨一句"绝妙的chiaroscuro"，然后漫步走向下一幅画。

　　我要直言不讳地指出这种一知半解和摆行家架子的危险，因为它很有诱惑力，我们都容易犯这个病……妙趣横生地谈论艺术并不是什么难事，因为评论家使用的词语已经泛滥无归，毫无精确性了。

　　在这一大段辛辣的讽刺之后，贡布里希并未停笔，转而又写道：

　　但是，用崭新的眼光去观看一幅画，大胆地到画中去寻幽探胜却是远为困难而又远为有益的工作。人们在这种探险旅行中，可能带回什么收获来，则是无法预料的。

　　换言之，追求某种风格本身是没有问题的，但需要建立在充分理解传统技术的特征与潜力，以及当前设计所面对的问题之上。若能将其厘清，即便使用最传统的建筑语言，也能做出十分精彩的作品。

以电影《妖猫传》中最后出现的青龙寺场景（图114）为例，其各项建筑细节与现实中的青龙寺遗址并不对应，明显是为了镜头而重新做过大量设计的一个未存在过的建筑。但这个设计做得足够聪明，可以发现其对两个设计质量相当高的建筑原型进行了整合，即将前文提到的慈氏阁与观音阁两个建筑的空间形态糅到一起又做出了巧妙改变，进而让空间与像设关系更加紧密（图115）。

从电影画面可知，空海自山门直接进入了一个两侧布满金刚的工字穿廊，该廊各分段有不同的高差。由于工字殿的风靡要晚于唐代，且山门不会直接接穿廊，所以刚看到这部分时会以为这种处理只是为了凸显密宗的某种幽暗气氛（因为不知该片布景是否也参考了日本真言宗寺庙的形制——空海来唐求法后回日本创真言宗）而特意做的改动。直到看到空海在佛像前面的一个镜头，以及空海到了二层与惠果大师对谈时我们可以从画面中同时看到佛面与僧面，我才意识到这个工字廊的真正作用。

图114　《妖猫传》中的青龙寺空井

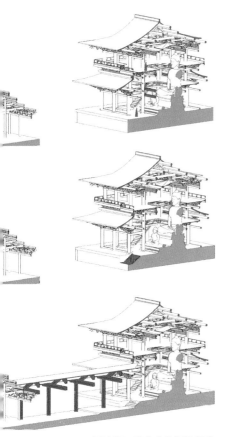

图115　青龙寺的设计操作

这里首先保证了二层平面的完整性，同时基本确定了像设头部与二层空间的高度关系，以保证在二层空间可以水平拍摄到佛像和演员，这部分参考的是观音阁的设计；而在一层空间，为了在表现出佛像的高大时，还要拍摄到演员与佛像全身，于是将内槽明间前金柱横枋取消，以防止其遮挡佛像，这部分的空间原型则是慈氏阁。

想在二层平视佛面与在一层看到佛像全身会导致两个问题：要么一层柱高过高，要么中央的空井过大。而这两点都会造成尺度感知上的不和谐。

所以，相对一层平面下降的几步台阶实际上是将柱的部分高度转化到水平面以下，将人的视点（机位）降低以呈现出佛的全身。观察佛像全身通常需要一个退让距离，在慈氏阁中，这个距离是靠前出抱厦来解决的。**抱厦的意义不仅在于将空间扩大，更是为了平衡欣赏位置的光环境**——若人处于外部，则由于光线过亮而很难看见暗处的佛身。青龙寺场景中并未采用抱厦，而是将其直接与工字穿廊结合。穿廊相较于抱厦的好处在于，不仅具有抱厦在展示佛身时的所有作用，同时还与室内连续出现的石质台阶形成互文关系——只在抱厦内出现一段抬高的地面会显得过于奇怪，而将其设计为连续向上的台基，利用穿廊营造出爬山廊的意象，则会使寺庙产生更为幽深的感觉，其两侧高侧光照射的金刚像实际上在将外部环境屏蔽的同时强化了山寺的意象。如果该建筑不是影视布景，而是真的在一个山中顺势设计，其设计质量（而非风格）完全足够进入学术语境讨论——一个精彩的从殿身屋架设计开始，到地面设计，再到廊屋架设计的例子。如果抛开电影与年代单独谈建筑，青龙寺的空间设计或许是迄今为止我们所发现的表意最准的佛殿。

再来说电影《卧虎藏龙》中的聚星楼场景（图116），作为电影中的一个重要场景，其建筑考据及建筑设计却都有硬伤。尽管外观上是一个非常普通的具有徽派特征的建筑，但当我们仔细阅读其平面时，会发现它的空间布局其实非常奇特：刚一进入建筑便是一通高的"中庭"空间，而位于空间正中占据整个入口统治地位的是一座尺度大到与整个建筑不太匹配的楼梯。在门厅的右翼，辅助的折型楼梯上方同样全部挑空，使楼梯作为建筑要素独立存在。

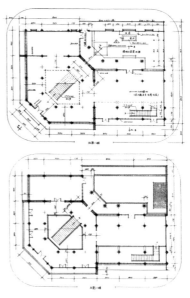

图116　《卧虎藏龙》聚星楼平面

图 117　中国传统建筑的楼梯一般位于一侧或两侧

　　从建筑史的角度来讲，这种楼梯的布局方式在中国传统建筑中极为少见。通常，传统建筑中室内的楼梯会被布置在房间一侧或两侧（图 117），或是隐藏于房间与房间之间，多数仅作为一项解决上下楼问题的方式，而非被表现的对象。最早将楼梯本身作为空间表现中心的经典案例是米开朗基罗在劳伦齐阿纳图书馆中的楼梯设计，而这种设计模式在国内应用大约已经是民国时候的事了。

从构造经济性方面讲，对如此大尺度的楼梯单独设计，必然要将其作为结构去考虑。由于其无法借用其他构件的承载力，这就意味着楼梯的用料尺度必须接近梁栿的用料尺度——可以看楼梯的长度与建筑跨度的比例。注意，楼梯在平面上的长度只是投影长度，实际要考虑的是其斜长，这对楼梯自身的结构提出了更高的要求。

从空间经济性上讲，这种尺度的楼梯配合天井的布局，尽管在现代建筑中常见，但那更多是面对更大规模的公共建筑的处理手段，而非这种小酒馆。在此我们不谈平面中的秩序，只单纯思考一个问题：若您是酒馆老板，您是否会租这栋房子？

对于有经营头脑的老板来讲，答案应当是否定的：为了两部楼梯的布置，牺牲了至少四成的营业面积，而且损失最严重的还是最为重要的入口厅堂处；此外，吧台的位置由于超尺度楼梯的存在，也成了一个不大不小的问题，而二楼空井周遭的环廊，尤其是两个空井之间的夹道，似乎完全没有商业价值。

于是，从建筑角度看，该场景不但与建筑史不符，设计质量也不高。

但对于场景设计本身来讲，不应套用建筑设计或建筑史的标准去讨论——场景设计有自己的独立语境与需要解决的问题，这个语境与建筑史只有部分重叠而不完全属于

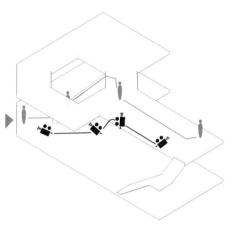

图 118　《卧虎藏龙》演员调度、机位运动与平面的关系

建筑史。从设计的反常之处去解读其设计的意图，然后再去判断这种设计的合理性与有效性，或许是个更好的学习过程。

所有的设计目的实际上在影片中的表现是清晰的（图 118）——六边形的空井将楼梯独立出来，并非是为了表现楼梯本身，而是为了在拍摄时机位有合适的距离，将主要人物与群演在画面空间上进行区分。门厅右翼的楼板挑空也是为了兼顾机位的运动和画面的信息量。在玉娇龙进入聚星楼一镜头中，摄像机利用这个空井将玉娇龙进入、观察、上楼、落座的过程流畅地记录下来，同时充分交代了环境的信息；而在打斗环节之后，镜头的视角又充分利用这里的高差将整个店的狼藉之状表达得很充分，所以此处局部挖空的设计操作本身并不针对建筑形式，而完全是为了服务于拍摄。

两个空井之间所夹的连廊般的过道，通过上部界面的围合区分出入口与营业空间，拍摄时主要用于表明空间关系，体现空间的纵深感，这在电影中的意义显然要比它是否真正能用来营业重要得多。

换言之，这个空间到底适不适合做酒馆并不重要（真正的古代酒馆场景可以参考《清明上河图》，见图 119），毕竟并非真的用于营业，只要通过一些道具营造出酒馆的氛围即可。但这一系列操作，其所表达出的准确意图、叙事性乃至设计精度，却确实值得我们讨论与研究。

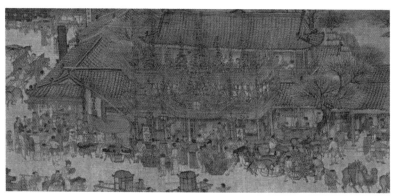

图 119　《清明上河图》里的酒馆

梁思成先生曾说："建筑之始，产生于实际需要，受制于自然物理，非着意创制形式，更无所谓派别。其结构之系统及形式之派别，乃其材料环境所形成。"这与勒·柯布西耶在《走向新建筑》中的那句"建筑与风格毫无关系"在本质上毫无二致——尽管柯布西耶的话被认为是设计宣言，而梁先生写的则为《中国建筑史》，但最终所讨论的问题都是**建筑学本身，是如何用手头材料更好地盖房子的基本问题，而差异只在于时间与地点**。所以，充分了解传统建筑中的做法，同样可以对现当代建筑设计有相当直接的帮助。

建筑的技术

在传统建筑的木结构保护与修缮中，有一种非常常见的干预手段叫作"墩接"（图 120、图 121）。尽管有散水台基柱础，但木柱的柱根处难免还是会由于毛细现象吸收潮气而逐渐糟朽，这时候，整体更换柱子对业主来讲，工期、材料、资金都是巨大浪费，并不是最优解，而对遗产保护来讲也违反一些基本原则，所以，墩接便成了最常见的修复手段。这是一种对糟朽的柱根进行处理的方法，将柱子所承受的荷载用扶柱撑起，卸去荷载后将柱身抬高留出操作空间，而后将柱根的糟朽处剔除，并切削出合适的截面形状，与墩接用的新料相互连接咬合以满足承载力，而后可在其交接位置打铁箍，以保证两段柱子不会滑移错位。

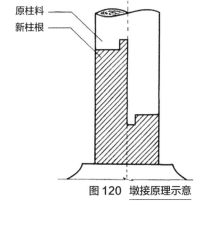

原柱料
新柱根

图 120　墩接原理示意

图 121　墩接在实际工程中的应用

好的修缮设计，不应仅仅以建筑本体重新坚固为最终目标。除了充分勘察木材糟朽的形态以外，在可能的情况下还应兼顾主要的使用与参观需要，确定修缮的部分是否参与表现，从而综合考虑，判断柱子墩接时接缝的形式与朝向。

虽然对遗产保护而言，建筑师的角色定位应该是"我注六经"，而非"六经注我"，即绝大部分干预手段与个人印记通常都应后退一步，但正如坎波·巴埃萨、阿尔瓦罗·西扎和妹岛和世追求极简，努力隐藏节点所带来的难度一样，对公众隐藏干预痕迹有时甚至更需要设计智慧。

反过来讲，技术永远不会区分到底是用于遗产保护还是建筑设计——了解技术目标的同时了解其操作过程，将过程中的副产物当作设计的主要手段，同样可以带来有趣的结果。

比如建筑师张雷在浙江桐庐莪山畲族乡先锋云夕图书馆设计中的做法。先锋云夕图书馆本为一个两层的乡村民居，其建造特征非常传统，由抬梁式木构架、黄泥土坯墙、小窗洞和两坡小青瓦屋顶构成，虽有两层，但主要活动空间在地面层，二层空间低矮且有梁架的障碍，一般仅用于存储。原建筑本非文物保护建筑，但因其建造方式所蕴含的时代特点及其与如今建造技术的差异，建筑师决定保留原有建筑，在此基础上进行微调。改建的目标是用原建筑容纳与之差异巨大的图书馆功能，要求两层都要具备一定的层高下限，所以需要将建筑适当加高。

建筑师采用的正是传统建筑修缮技艺中的墩接方法。柱子被接高，梁架和屋面也因此相应得到抬升。

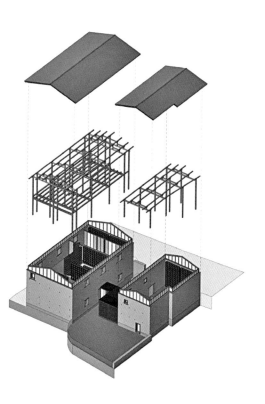

图122 菽山畲族乡先锋云夕图书馆分解轴测图（资料来源：刘涤宇《两种原型的相遇：菽山实践的形式操作思路解析》）

而后所面对的问题则是如何处理抬升的屋面和原有黄泥土坯墙体之间产生的缝隙——如果选择以新增黄泥土坯墙填补上述缝隙，那么该民居无疑保持了基本的原型特征，但在一定程度上却掩盖了建筑师的操作痕迹，有可能使后来者误认为改建后尺度有所变化的房屋就是风土建筑本来的面貌。于是，高窗成了顺理成章的选择——在体现建筑师操作痕迹的同时，又给图书馆提供其该有的光环境。《威尼斯宪章》虽然针对的对象是文保建筑，但其"新加建部分要有明显可识别性"原则的用意在于不让历史信息产生混乱，对具有明显时间维度的非文保项目也有参考价值。（刘涤宇《两种原型的相遇：菽山实践的形式操作思路解析》，见图122。）

墩接在这里不再只是修复柱子的保护技术，而是转化为改变建筑高度的设计操作，打破了原始空间中的很多局限，成为整个设计成立的开端。

若将部分传统建筑做法的逻辑保留，替换成现代材料，则趣味性与精彩程度会倍增。比如北京红砖美术馆池边亭的设计中对梁结构的拆分与重组的操作（图123、图124）。此亭上部屋架为普通的圆钢焊制三角屋架，而下方的支撑结构则为工字钢。为了方便观景，减少遮挡，亭两边正立面由四间五柱减为一间两柱，这带来了极大的跨度问题。建筑师在解决此跨度问题时，并未变更工字钢的截面，而是采用了两根工字钢叠加的方式以承托屋顶荷载。如果操作只到这一步，这个亭子便没什么可讨论之处，其后续的结构处理才是关键——檐柱只达到双层工字钢中下层的那根，并于两柱之间靠近墙体处再添一根工字钢，使之成为一个完整的画框。为了从感知上继续区分上下层工字钢的不同，于山面增加两门柱与上层工字钢相连以形成完整轮廓，即"柱—短梁—上层工字钢—短梁—柱"成为整体，并于两侧将上层工字钢内收，以加强上下区分。为强调画框的独立性，另一操作尽管细微却依然重要——建筑师需要仔细处理360毫米宽的矮墙与底宽不足100毫米的工字钢之间的宽度差，否则薄钢框将无法与厚砖框区分开来。

图123 红砖美术馆亭子照片

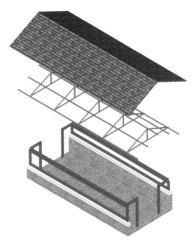

图124 红砖美术馆亭子分解轴测图

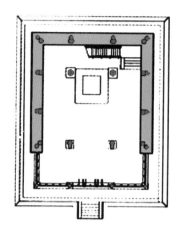

图 125 慈氏阁平面图中的圆柱方柱变换（资料来源：引自《营造法式诠解》）

尽管只用了一种工字钢，但在这一系列操作之后，当人们去看结构时，会不自觉地将下面的景框当作独立物体，并将其与框外之景联系；只将上层与山面边柱连接的工字钢当做结构，从而产生轻巧的感觉；若再稍微思索一下，便会理解其实际的结构是怎样的，趣味也便随之而来。

这种拆分结构、创造节点以消除结构感知的设计，其实早在宋代便可见到，比如正定隆兴寺慈氏阁中那精彩的永定柱造的使用及其结构截面的不断变化（图125）。由此可见其设计质量完全能进入当今建筑师对节点与感知的讨论语境，甚至能同很多精彩作品一较高下。

古今建筑的关联与相似远不止于此，如果视野足够开阔，我们甚至会发现那些技术层面的选择和打动人心的场景甚至能打破国界甚至东西方文化的边界——伍重的建筑草图表明悉尼歌剧院的台基和屋顶与太和殿的巨大台基和屋顶存在关联（图126），格罗皮乌斯早期建造的木结构房屋在面对防雨问题时的处理手法与中国传统建筑中使用井干式结构解决出挑问题的

图126　太和殿台基（左）与悉尼歌剧院屋顶台基（右上）有关联（图片来源：摄图网）

手法十分相似，西泽立卫在丰岛美术馆（图
127）中对窗和施工组织方式的理解则与
云岗石窟存在相通之处——他们都只是在
面对同一问题时，试图从不同角度给出自
己的解答而已。

图 127　丰岛美术馆中的窗是一大特色

　　所以，**无论传统建筑还是现代建筑，其要解决的都是空间结构和材料秩序的问题**，如果从这个维度去理解，传统建筑与现代建筑的基本逻辑是能够沟通的，转换起来并不困难。

古为今用

传统建筑的设计启示

框架结构的突破

在《建构建筑手册》中，安德烈·德普拉泽斯（Andrea Deplazes）曾这样写道："在杆系结构中，任何地方都可以有任何尺寸的洞口和连接，并且它们不会破坏承重'龙骨'的逻辑性。可以稍微夸张地说，在杆系结构中不需要将空间相互连接，而要通过各分构件来创造单独空间，因为结构本身只提供了一种三维框架。"

对于框架建筑而言（图128），似乎其结构自身无法形成砌体结构语汇中的房间，四周杆件仅作为线存在，而对空间中的某一体积做出边界限定，我们很难在一个单纯的框架内讨论其空间特征，于是结构沦为分隔围护构件中无空间意义的骨架。仔细阅读布鲁诺·赛维的《建筑空间论》也可以发现，在论述现代建筑中的空间时，结构形式变化带来的空间特征变化同样并未围绕框架结构展开，而是围绕框架结构出现后作为空间边界的盒子如何分解进行讨论。

我们在研究中国传统木构架建筑设计时，经常将其视作一种未加以清晰分辨的"框架结构"以强调其与现代框架结构的共性而自证先进，于是同现代建筑一起陷入对结构空间属性失语的境地，而无力讨论传统木构架建筑中的空间设计，这与前文所述的观音阁和慈氏阁所呈现出的迥异的空间特征相悖。框架结构自身是否对空间无所帮助？既然其英文"frame"一词源于"framian"，词源自身包含"有用"与"有帮助"之意，那么其对于空间的帮助到底在何处

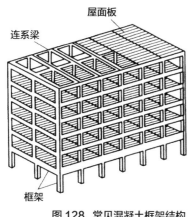

图128　常见混凝土框架结构

呢？既然我们可以从前文两阁之比较中得知殿堂、厅堂两种结构类型在空间表现层面的巨大差异，那么从空间的视角试图理解传统木构架建筑中的结构设计，或许是讨论当下建筑设计中框架结构空间意义的一个方向，而两种结构形式到底对空间有何影响，则是值得仔细讨论的问题。

怎样描述框架结构在空间中的作用成为第一个问题。追溯前人对空间的论述与理解，可以借助森佩尔对空间两大特征——围合与向度——的描述对空间问题进行分析讨论。但需要注意的是，正如德普拉泽斯所言，框架无法直接形成墙体包裹的房间般的空间，而森佩尔此处所描述的却多半是墙体主导形成的空间特征。尽管有些建筑师直接将梁等同于墙——如林同炎在其著作《结构概念和体系》中从结构的角度明确指出了梁与墙的逻辑关系；日本建筑师中村竜治在其著作中也从空间角度将其关于梁的一个设计作品放在了关于墙的研究章节之内，指出了在人的视线高度内梁对于空间的围合意义——但这些讨论同样藏着将框架结构的空间属性弱化的危险。梁仅在特殊位置及特殊尺度时方能产生围合效果，而其他情况则更多是作为空间的限定物而存在，故而我们或许需要改变一下讨论的用词——将围合与向度替换为限定出的领域感与强调出的方向性更为贴切。

图129　梁架结构

最基本的框架结构类型一般具有三个维度的构件，即作为竖向支撑的柱子，以及进深与面阔两个方向的梁（图129）。要对空间发生作用，需要从空间操作的角度对三种构件的主次进行区分。当仅对一个维度的构件进行强调时，表现的是构件本身，通常是一些相关文化性的操作，对整体结构及空间影响不大，本节不予讨论；而将三个维度均作强调则与均不做强调无异，空间在框架语境中仍处于匀质状态。所以只有强调两个维度的构件而弱化第二个维度的构件时，框架空间的两种特征才能被分别强化并呈现，也就是说：当梁全部强化而柱较弱时，强化出的是空间中梁所限定的领域感；而当柱与某一方向的梁共同强化而另一方向的梁弱化时，空间将呈现出极强的方向性。

槽与缝：
进深中的结构选择

正如前文所述，按照张十庆等学者对中国传统木建筑结构逻辑的分类，其结构逻辑有两种。**其一为层叠式逻辑**（图130），即横向的分层叠加式组成结构构架。其木构原型为井干式结构，无柱，以积木层叠而成，以叠枋为壁。以此思维为发展线索，井干结构逐步演化成铺作层，产生了后世的殿堂式建筑。**其二为连架式逻辑**（图131），即纵向的分架

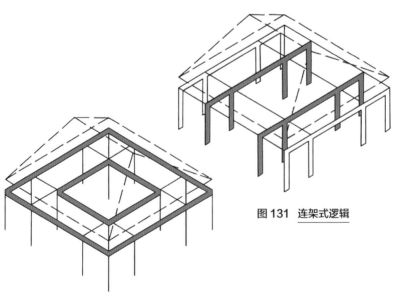

图131 连架式逻辑

图130 层叠式逻辑

建筑小知识

穿枋：穿斗式构架中穿枋是穿透柱身的平面木料，斗枋是用在檐柱柱头之间形如抬梁式构架中的阑额的木料。

相连组成结构构架。其原型为穿斗架，架中全部直接以柱承重，无梁，穿枋仅承担拉结功能。以此思维为发展线索，为解决跨度问题，逐渐走向厅堂式建筑。厅堂式建筑与殿堂式建筑可视为连架型结构与层叠型结构的次生形式，而这两种结构逻辑所带来的空间表现形式，刚好与前文提到的两种类型相吻合。

绝大部分现存的殿堂式建筑中，柱位与槽匹配而令人难以察觉这种层叠型结构中各处构件对于空间的意义。当考察一些减柱或移柱等柱位变动而导致空间变化的案例时，我们可以清楚地看到槽对空间领域限定的影响。

永乐宫三清殿、善化寺大雄宝殿、晋祠圣母殿三座宗教建筑尽管建成时间及风格均有些许差异，但不妨碍我们直接对其结构设计的思路进行考察。观察三殿平面，均为内外两圈柱网，进深分别为四间、五间、六间，而面阔均为七间，且均将结构内第一列柱内移以扩大参拜空间。

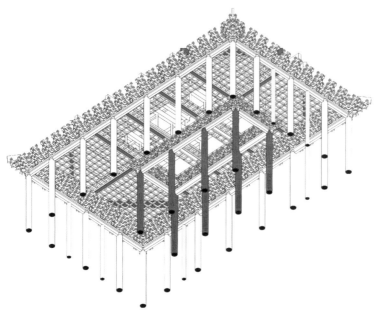

图 132　永乐宫三清殿仰视轴测图

　　针对这种柱网变化，永乐宫三清殿（图 132）所采用的操作是直接将金箱斗底槽的内槽后移以使槽型与柱位相适应，并将内槽斗拱减小以匹配其中像设的尺度，将像设所处领域与人们活动的领域区分开来。但由于前金柱内移一间成为实际意义上的脊柱，梁架不得不呈分心槽状布置，这就使得槽对梁架的帮助变小，其结构意义大大损失。同时，由于人们活动的领域均为梁架主导空间，在区分与像设所处空间时只能做吊挂天花的处理，而在活动领域中对欣赏壁画与参拜两种活动空间做进一步区分时，无法直接由槽出挑形成藻井而同样只能将藻井吊挂，内槽本身在结构设计的巧妙性上无法让我们满意。

　　在善化寺大雄宝殿中（图133），面对同样的问题则采用了另一种结构方式——金箱斗底槽不做变化，仅将前金柱内移以保证下部空间在使用上的合宜。具体做法为，殿身前金柱内移一间并升高承托屋架六椽栿，而前檐乳栿变为四椽栿入柱身。但由于其殿阁屋架自身金箱斗底槽未做变动，柱位内移后相当于打破了原有结构带来的空间逻辑，使得人们活动的祭拜空间与像设所处的空间无法在上空通过槽的围合而自动区分开来。而前檐金柱的柱列内退后，由于没有上部槽的深度配合，又无法形成足够强烈的空间限定，人们在祭拜空间中总会感到上方巨大的槽对所处空间的二分，所以此处只得利用不同的藻井天花对实际空间领域进行二次限定。此殿在结构层面表现得很巧妙，但空间方面表现一般。

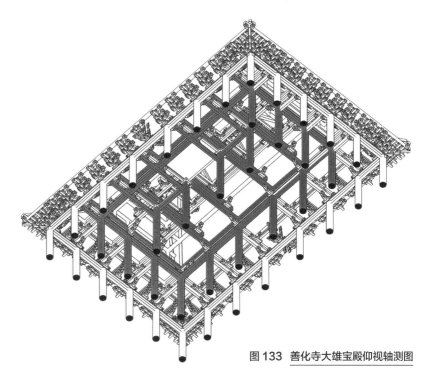

图133　善化寺大雄宝殿仰视轴测图

山西太原晋祠圣母殿（图134、图135）在针对类似的柱网布局时却并未拘泥于金箱斗底槽的形式。圣母殿面阔五间，进深八架椽，单槽副阶周匝，乳栿对六椽栿用三柱。由于预计参拜者甚多，需要较大的祭拜空间，通常情况需要增加檐廊进深以匹配此功能。但此殿的做法并非在原形制层面直接增加进深，而是通过对原有结构进行调整从而重新分配空间大小的方式进行设计。殿身前檐檐柱不落地，室内外分界内收至单槽槽下金柱位置，使前檐处由乳栿改为四椽栿，其上叠架三椽栿插入内柱以承载从蜀柱传递的殿身檐重，避免了在殿身结构不变的情况下四周副阶跨度过大而浪费空间，或者单独加大前檐导致坡度不等或难以交圈的问题。从空间角度看，圣母殿与善化寺大雄宝殿及永乐宫三清殿最大的不同在于，圣母殿殿身所采用的单槽形制利用其原有的层叠式逻辑在上方围合出了两个不同空间——祭拜空

图134　晋祠圣母殿（图片来源：摄图网）

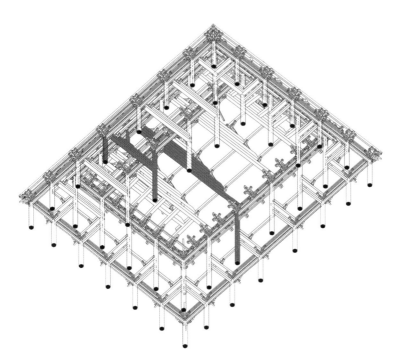

图135 晋祠圣母殿仰视轴测图

间与圣域空间。此殿的精彩之处是充分利用主殿屋顶单槽的
空间特征，在保持圣域空间不变的情况下，利用内移的金柱
与围护结构的分隔，强化了不同领域空间的不同特点。同时
利用连架式逻辑将金柱、殿身前檐及副阶屋架连接以协同作
用，整合了前槽与副阶空间，以满足使用需求，消化掉了屋
顶前槽带来的对祭拜空间不利的槽的深度。更由于大进深
的阴影关系，使得圣母殿从外观上呈现出异常轻盈的特征，
也使屋顶获得了一定的表现性。

层叠型结构建筑或自原始穴居发展而来，呈现出与土作建筑十分密切的逻辑关系。而后或因高台建筑土台退化，或因土墙逐渐演变为柱，下部支撑与上部作为出挑技术而被选择的井干结构相匹配，其梁柱结构逐渐形成。建筑原本只需要一个屋顶以覆盖下部空间与支撑物，支撑物并不必然是与屋顶梁架一体的木构架——所以观察古建筑设计的方式与《营造法式》对于层叠型结构建筑中最为典型的殿堂式建筑（图 136）的描述，我们可以发现以下特点：

一是因生起、侧脚等诸多原因，柱脚与柱头平面并不一致，所以设计与讨论时，对于其平面原型永远以铺作层底平面作为设计基准，即殿阁地盘分槽图。

二是《营造法式》一书中对于殿堂式建筑侧样的描述，几铺作是必须描述的内容。

图 136　典型殿堂式建筑空间（资料来源：《穿墙透壁》）

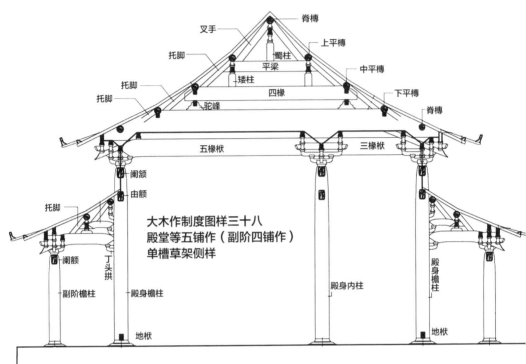

脊槫
叉手
上平槫
托脚
蜀柱
平梁
中平槫
托脚
矮柱
四椽
下平槫
托脚
驼峰
脊槫
五椽栿
三椽栿
阑额
由额
大木作制度图样三十八
殿堂等五铺作（副阶四铺作）
单槽草架侧样
托脚
阑额
丁头拱
殿身内柱
殿身檐柱
副阶檐柱
殿身檐柱
地栿
地栿

图 137　殿堂式建筑结构类型命名方式

　　这就意味着在殿堂式建筑中（图 137），无论柱位如何移动、柱如何删减，其初始设计都从槽开始；梁架、襻间等形成槽的构件并非仅作为限定空间边界的线性杆件，而直接指向相互咬合组成的具有深度的结构，以界面的形式在不同位置形成固定的领域，于空中承担了"墙"的空间分隔功能。对于宗教造像或重要人物的空间而言，利用不同槽来区分不同领域更利于后续的空间差异化设计。如《营造法式》殿堂单槽草架侧样的命名，除几铺作及槽形的描述外，"草架"二字或许可以证明，其槽身利用咬合的斗拱进行尺度转换与天花或藻井相接的天然适宜性。

　　传统木建筑中，为获得某一空间的合适深度而对木构架的结构进行调整，通常发生在各榀屋架之内，即通过调整屋架柱位来重新分配不同空间的进深，以匹配其功能。对于连架逻辑建筑尤其厅堂式建筑，由于其结构形式特征十分明确，即以每间横向间缝上的梁柱配置为主，屋架之间逐椽用槫、襻间等纵向连接成一间，所以只要屋架总椽数（即进深）相同，不论梁柱做出何种配置总能联成一间。各榀屋架自身具有一定独立性，所以无需考虑整体的平面图，只要按照需求直接调整屋架柱位，空间上会自然以柱为限定进行大小再分配，而无其他方面的影响。如善化寺三圣殿（图138、图139）

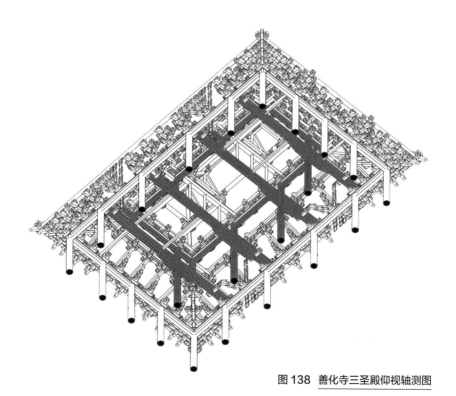

图138　善化寺三圣殿仰视轴测图

中对屋架的不同选择正说明了上述现象。三圣殿在善化寺山门与大殿之间，始建于金，面阔五间，进深四间八椽，单檐庑殿顶。殿内前金柱全部减去，后金柱则错位设置，使间架结构异化、各间屋架各不相同，与空间使用相匹配。明间屋架为八架椽屋六椽栿对后乳栿用三柱，两次间则使用八架椽屋五椽栿对三椽栿用三柱，使像设神坛呈放射状布置，满足视觉需要，并开阔了前部的祭拜空间。调整后，其上部屋架也并未带来过多复杂的构造操作，依然保持简洁理性，彻上明造将各部分梁架展现出来，这一切得益于厅堂建筑自身的连架式逻辑对于空间深度调整的适应性。

图139 大同善化寺三圣殿

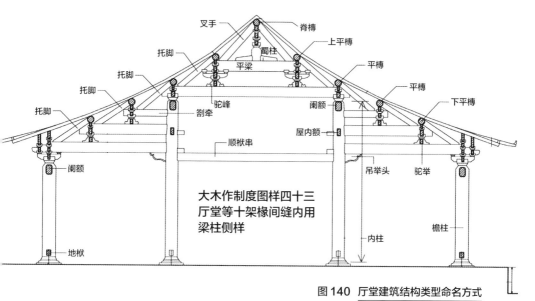

图 140　厅堂建筑结构类型命名方式

　　我们再看《营造法式》对典型的连架式逻辑建筑——厅堂建筑梁架侧样的描述，也可以发现其描述方式的区别。**厅堂侧样的命名几乎不提铺作形式**（《营造法式》给出的 18 种厅堂结构中，仅"八架椽屋乳栿对六椽栿用三柱"一种，因描述构造所需，准确表达为六铺作单杪双下昂，其余17种一律表示成四铺作单杪，实因铺作数与结构关系不大，见图 140），**而强调建筑总深度（椽架），强调榀架（间缝），并强调榀架内的梁柱。**观察前文所述各厅堂建筑实例，其结构在横架与纵架之间的不同选择，让空间呈现出不同的方向性，即便同一种屋架，由于每榀屋架本身是独立的个体，且不存在铺作层，屋架之间的枋与额在结构层面上通常只起联系作用，截面较小且位置可调，所以也呈现出极强的方向性特征。因厅堂构架梁柱乃至所有连架型木结构均无铺作，且各构件尺度相对较小，其结构构件自身不具备表现性与领域感，所以更适用于表现一些尺度特异的像设或方向感较强的空间。如利用屋架自身的通高表现像设高大（慈氏阁），利用屋架之间的通进深表现像设的重要性（初祖庵，见图141、图142），或在面阔方向利用屋架中的梁柱形成边界，突出其后的重要造像（开元寺天王殿）。当需要表现空间内某些重要领域时，连架型建筑不得不借助藻井的力量来强调某些区域，但由于梁柱自身与藻井交接处并非像槽般由斗拱层层承托，通常需设边框次梁甚至吊挂来完成藻井构造，所以这种逻辑类型的结构在空间领域的表现性上较弱。

图141 少林寺初祖庵

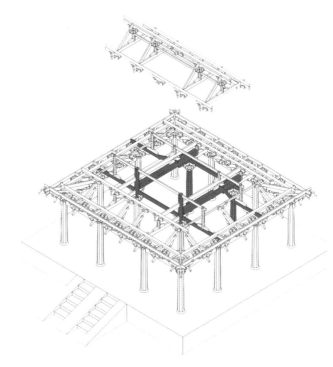

图142 少林寺初祖庵轴测图

横与纵：
面阔上的视觉表现

对绝大多数木构架建筑尤其横架建筑而言，斗、串、襻间、额枋等构件仅做结构层面的拉结稳固之用。 然而，由于这些构件所处位置通常为正面，使其具有了更多的视觉意义。所以这些构件灵活的变化使用所带来的不仅仅是对内部空间再分配的结构意义，同时也有作为正面被表现和为防止影响表现其他事物而需要调整位置甚至取消的设计矛盾。正如前文介绍的观音阁和慈氏阁面对面阔构件时的不同做法，在面对像设表现主体较为精致的情况下，这些构件作为画框对领域的区分与对像设的强调有十分重要的帮助；但当面对大尺度像设时，它们则常常会成为需要取消的对象。这是因为像设足够高大，自身具有更重要的表现性，所以此时应当极力减小结构构件对其展示的影响。**对纵架建筑来讲，由于其面阔方向构件尺度及构造自身便极具表现力，在哪里使用与如何使用便成为设计中更需要仔细考虑的问题。**

对于单体建筑来讲，在同一空间中调整柱位甚至取消掉柱子以获取更大活动空间是通常要面临的问题。在这一问题上，做得最为极端的当属佛光寺文殊殿（图143）。文殊殿面阔七间，进深四间八椽，单檐悬山顶。为扩大殿内空间，殿内柱子从十二根减至四根，前槽两金柱设于两次间与梢间之间，后槽两金柱则设于明间两侧。从平面图及现场佛坛大小可知，此做法并非为了适应佛像尺度，而是为了满足人们欣赏室内壁画和进行室内活动而做出的结构改变。具体的实现方式是，在跨度过大的地方利用纵架的方式于面阔方向施大内额，以及由额并用侏儒柱、合楷、叉手及绰幕枋将上下两层额枋相连，以期形成一个类似现代双柱式桁架的复合构架，共同抵抗14米的跨度而支撑上部屋架。尽管从结构角度看，这一举动并未形成真正的桁架，甚至并未起到设计者所预期的作用而不得不再加辅柱，加之木构体系中纵架自身的受力问题导致后世出现拔榫等情况，但此殿所采用的全部纵架逻辑的结构方式在扩大空间容积方面的大胆探索及所营造的效果实际却很成功。

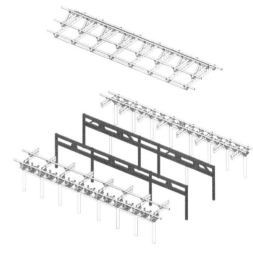

图143　佛光寺文殊殿分解轴测图

四川峨眉飞来殿在面阔方向的表现也值得一提（图 144）。此殿单檐歇山顶，面阔五间，进深四间八椽，屋架为八架椽屋四椽栿前后乳栿用四柱，前檐设宽敞的檐廊。为凸显殿的重要性，表达其正面特征，将檐廊处做减柱造处理，由五间直接变为三间，采用厚重的大额及平板枋承托上部斗拱及屋架，檐额与柱、门洞共同形成与五岳庙五岳殿相似的两重视觉框，使人在殿前宽大的月台上能感知到殿内所供东岳帝像（现不存）的重要性。不同于五岳庙五岳殿前檐仅用斗拱将纵架与屋身相连，飞来殿与屋身相交处除乳栿及劄牵外，位于次间中心的檐柱还各设了两根连系枋将檐柱与金柱相连，不仅加强了屋架的整体性，还由于透视现象而更加强了对中心像设的视觉引导性。此外，与晋祠圣母殿对檐柱的处理相似，飞来殿为强调正面特征，也在柱上装饰了泥胎盘龙，但仅设于明间两根柱，使其立面与中心特征更为明显。

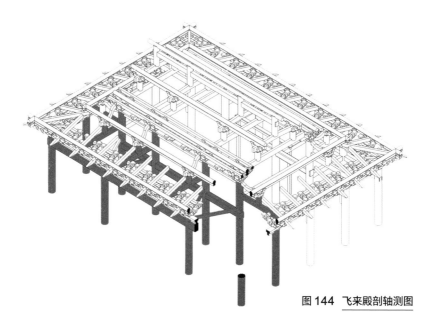

图 144　飞来殿剖轴测图

可以说，佛光寺文殊殿通过纵架结构逻辑的极限应用，使空间容积最大化，而飞来殿中在前檐处的纵架处理则使框架构件的表现最大化。但建筑从来都是综合考虑和权衡下的工程结果，对于一座佛殿而言，不同的造像在参拜方式、展示效果与结构布置层面都不尽相同。

如山西朔州崇福寺弥陀殿（图 145、图 146），其殿身面阔七间，进深四间八椽，彻上明造，单檐歇山顶，建于高大的附带月台的台基上，外观十分壮丽雄伟。与佛光寺文殊殿相同的是，此殿内壁同样布满大量壁画，空间上需要人们来回行走观瞻，减柱成了此殿结构上的必要处理手段。不同于佛光寺文殊殿一组造像的居中布置，此殿佛坛上有"西方三圣"坐像三尊，主像两侧胁侍菩萨四尊，金刚两尊。这些塑法古朴、制作精美的大小共九尊造像平行并排布置，成为佛殿的中心，而空间上又希望保证各个造像领域的独立性，故而此处依然选择纵架的构造逻辑，利用梁架自身的方向及高度自动分隔出每尊造

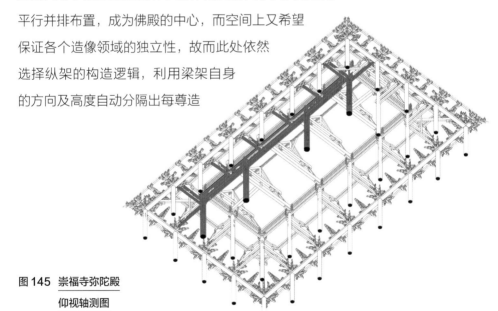

图 145　崇福寺弥陀殿
　　　　仰视轴测图

图 146　崇福寺弥陀殿

像自身的领域。于是各方权衡之下的结构结果便呈现为现在这般，只将前槽处结构转变为纵架逻辑，将当心五间处四柱减为两柱并移至次间中线上，其上施与佛光寺文殊殿十分相近的由绰幕枋叉手、合㭼及侏儒柱连接的双额，协同承担屋顶质量，并联系前檐乳栿及劄牵。

这里，横架的梁枋负责给不同造像划定各自的领域，而前槽改变为纵架逻辑则是为了解决人们的具体使用问题，这种局部的做法在解决实际使用问题的同时，不仅使得彻上明造中横架自动分隔所限定出的造像领域特征得以保留，对结构整体性能的损失相对于佛光寺文殊殿而言也更为微小。其前槽纵架处多材累叠咬合的处理方式，可视作将其上的内槽深度向下延伸，形成了具有装饰性的空间界面，使人在月台处观察佛像时更能感受到神圣性，纵架的使用在此既具备了结构意义，又突出了其视觉表现的特征。

前面所讨论的问题，更多是因面阔的方向性而围绕纵架结构展开，在这些案例中，由于结构方向的变化导致出现跨度问题，建筑师要么选择足够巨大的材料来解决，要么通过复杂的构造连接几层材料以获得足够的梁高。在解决这些问题后，**由于面阔方向的结构构件出现了深度与装饰性，也就自然获得了空间领域或视觉上的意义。**

　　不能忽视的是，绝大部分建筑因结构有效性的考虑，属于横架建筑。在这些建筑中，进深方向构件由大梁承担，靠梁自身的尺度和形状获得空间表现；而铺作层面阔方向的枋或纵向构件如襻间等，在必要处设小斗以连接上下枋，从而达到跨度需求，并获得装饰性。在建筑的使用过程中，人们主导面向的改变也可能带来横架结构的不同表现，如潮州开元寺天王殿（图 147、图 148）。

图 147　**潮州开元寺**

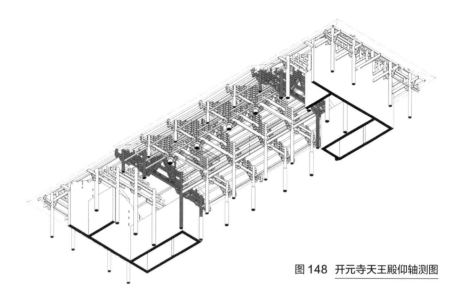

图148　开元寺天王殿仰轴测图

　　天王殿为开元寺山门，单檐歇山顶，进深四间，面阔有十一间之多。立面分为三段，正中五间为凹门廊，大门有三，居中；两侧各三间，为一厅二房式僧房。中槽面阔九间，进深两间，为殿内主要场地，因正中七间分心柱减去，故而十分开阔。明间后槽处设弥勒、韦驮像，居大殿正中，而中槽两尽间处则为四天王。此殿彻上明造，各间屋架均不同，从明间叠斗抬梁屋架至尽间穿斗屋架逐渐变异，呈现出厅堂建筑的重要特征。弥勒、韦驮像居于明间正中，是一块被叠斗环绕的重要领域，体现出造像的重要性；但因其功能仍为山门，所以人们进入后，需绕过该像设方能进寺院，此时便产生了面向的转变。这一动作带来了对梢间屋架的细微调整：尽管该屋架的构造逻辑为穿斗架，但在其中槽位置上下，两个最大穿枋之间却设四小斗，使该处呈现出类似襻间的构造特征；而在空间上，该缝屋架刚好是人们转向后所面对之处，位于天王像与观者之间，这种将屋架做成画框以体现天王像重要性的逻辑，与面阔方向中对纵架构造部分的表现异曲同工。尽管此案例是对进深方向的结构做出改变，但我们仍可因人活动时的面向扭转将其归于面阔操作。

抹与借：
转角处的意图强化

一座建筑，在确立了进深与面阔两个方向之后，两个方向交接的节点——转角——便成为接下来要讨论的部分。正如"如鸟斯革，如翚斯飞""檐牙高啄、勾心斗角"等词句所描述的，转角以其表现性成为传统木构建筑中给人印象最深的地方。与此同时，转角所面临的问题也最为复杂——其跨度最大、用材尺度最大、位置最隐蔽、交接节点最多、工艺最复杂，所以**对转角问题的处理在建筑结构设计中最为重要，并且不同的处理方式也将对空间方向的感知产生极大影响。**

平武报恩寺位于四川省绵阳市平武县（图149），始建于明。格局为坐西向东，自山门而入依次为泮池、天王殿、拜台、大雄宝殿，到万佛阁为止。在大雄宝殿与

图 149 报恩寺碑亭剖轴测图

万佛阁之间，有一对碑亭，其构造尤为引人注目。碑亭等级较高，其上檐为八角屋顶，但此亭并未按照八柱撑角梁的常规做法来设计，而是将八边形底面的水平层分为两个重叠的正方形面来布置梁架。这样做的好处在于，使其中一个正方形面的四根梁只在端部出挑，承托其上的转角科斗拱与角梁，并由檐枋箍住形成交圈，只需四柱落地以减小柱子对碑刻的影响，且抹角梁在亭子内部形成类似藻井的效果，强调了亭子中心的领域感。而后，在一层再加 12 根檐柱，以承托副阶屋架与四坡披檐，使建筑在下檐处呈现出方向性，呼应其在中轴线两侧的面向与位置。这种做法带来的外形特点是屋顶方向的旋转，即亭上檐与下檐之脊相对，令上檐翼角得以完全展示，在视觉上更为出挑，而观者的感知则更为轻盈，也使双亭异于其他抹角而成八角亭。这在国内尚为孤例。

角部施加抹角梁的益处不仅在于其高效的结构性能及层叠逻辑带来的领域感知的强化，在某些小尺度的建筑中，尺度反常的抹角梁所带来的强化视觉中心的效果也不容忽视，正如兴国寺般若殿中转角构造所呈现的那样。

般若殿位于甘肃秦安兴国寺，始建于元代，面阔三间，进深四椽，是一座单檐歇山顶建筑，内供一佛二菩萨像。现状为前檐显五间，殿内加辅柱若干。经推断与分析，若将后世所加辅柱结构去掉，其原结构如图150所示，前檐处为移柱造，施大檐额、大雀替与粗柱，形成扩大的明间。前檐金柱一列构件相对于檐柱纤细许多，同时呈现出横架与纵架的特征，以联系殿身与檐廊。殿内采用减柱造，具体结构形式为，殿身后部自山面中柱开始施两层大抹角梁承托大额枋，大额枋则与前檐处二金柱上方丁栿共同承托上部梁架及歇山山面构架。这些结构让空间

建筑小知识

抹角梁：在建筑面阔与进深成45°角处放置的梁，像抹去屋角一样，所以叫抹角梁，可以加强屋角建筑结构。

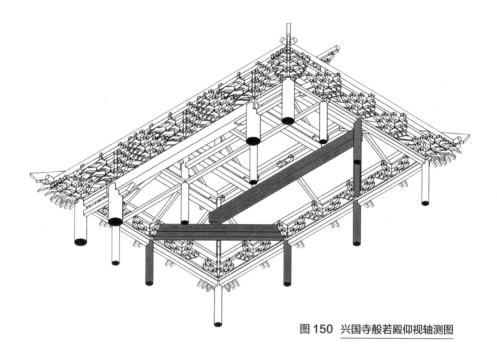

图 150 兴国寺般若殿仰视轴测图

呈现出正面性特征——与之前讨论的对面阔的操作相同，当人们在殿外时，由前檐处塑造两层界面，形成两层画框，圈出其殿内像设，从而营造出重要性的空间感知。同时，更应注意的是抹角梁的空间意义。因该殿面阔与进深较小，抹角梁的尺度显得尤其巨大，加之殿身各柱并不高，即使参拜者步入檐廊甚至进入殿内也能感受到其空间特性，因为抹角梁的高度、方向与视觉透视相配合，共同形成了一个放射状的背景，营造出引导性非常强的空间，强化了佛像所处领域的重要性。

图 151 沧浪亭翠玲珑

  除抹角之外，**转角处结构的互相借用也是较为常见的设计操作。**
如果说抹角是为了强调空间领域及空间特点，那么借用则是为了将
不同空间融合起来。转角部分的借用大致可分为以梁为核心的结构
操作和以柱为核心的结构操作。其中以梁为中心的结构操作多用于
处理阴角处互相搭接的问题，而以柱为中心的操作则多用于处理阳
角处两个方向屋架的交接问题。位于苏州沧浪亭的翠玲珑是三个坡
顶小屋按不同面向雁行式布置的一组似廊似房的小建筑（图 151、

图 152）。为突出建筑空间的不同面向，其坡顶方向相异，这就需要扭转转角处屋架方向以承接不同体量的坡面，于是呈现出现在的以柱为核心的屋架设计结果——三间小轩均为抬梁式木结构的硬山建筑，两侧山墙用于隐藏和保护其中的木梁柱。当三间小轩之间各自以其面阔与下一间的进深直接相连时，角部被山墙所隐藏限制的梁柱得以释放，各自借用对方角柱，完成屋架方向的转换，分解了轩的单元，使之融合为廊以令人通过。而后通过墙面开洞与小木作装折等手段，令翠玲珑一处仍维持了轩的单元感以令人停留，最终形成了单元面向明确又有折廊特征的一处经典空间。所有这些空间感受的来源，除明确的对景关系之外，还建立在以柱为核心的对于角部操作带来的结构关系上。

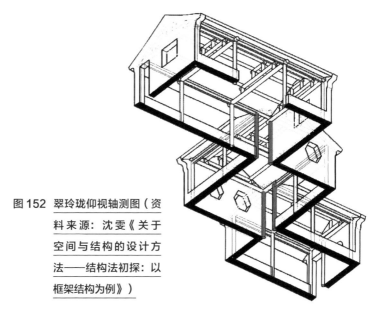

图 152 翠玲珑仰视轴测图（资料来源：沈雯《关于空间与结构的设计方法——结构法初探：以框架结构为例》）

　　将目光投向邻国日本。同样为了解决居处与造景的关系及两个空间的面向问题，日本滋贺县园城寺的光净院客殿却选择了在阴角处以梁为核心进行结构操作（图 153、图 154）。在建筑南向檐处，将面阔方向檐柱悉数减去，甚至包含其与中门廊抱厦相交接的阴角转角柱。减柱后其上使用桔木出挑以减轻檐重，并施上下两层大额枋以承托屋檐。下层大额搭于中门廊处比例十分惊人的梁上，从而将角部打开。这样处理对空间方面的好处在于，相对于广间而言，尽管退后一间的距离使其与庭园造景的绝对距离增加了，但由于没有柱子，广缘与缘侧实际上融合为同一空间，而在室内感受到的依然

图 153　园城寺光净院客殿

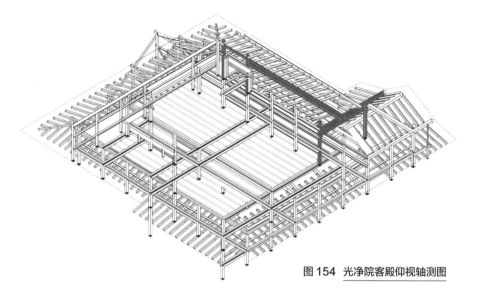

图154　光净院客殿仰视轴测图

是室内—檐下（广缘—缘侧）—庭园的关系，其心理距离并未改变。同时由于角部柱子被减去，使中门廊处在感知上仍为一大间，避免了有角柱后中门廊北侧靠近主殿的空间因失去特征而不辨是厅是廊，作为贵人入口的中门廊在其尺度上依然保持了一定的等级性，同时也令进入者对庭园的感知更为直接。

针对传统木构建筑中的结构与空间，配合其主要使用方式来讨论设计，思索其空间特征，不仅有助于我们重新认识传统建筑，更加有助于我们理解现当代建筑中框架结构对空间设计的影响，从而在中国建筑史与建筑设计之间架起桥梁。

当我们试图用这种空间观来审视现当代的一些框架结构建筑时，会从一个崭新的视角看到不同作品中框架应用本身所呈现的空间质量差异。而不同构架方式的空间特征及潜力，则让我们对结构进行设计时具有更强的指向性。

前田圭介设计的浓汤娃娃事务所可以视为对层叠结构空间潜力的一种极端表现（图155、图156）。该建筑位于一个坡地上，为保证这座被周围独栋住宅包围的工作室兼展室的私密性与开放性，结构上除承载竖向荷载的屋架外，还利用了三层由60毫米厚的夹心钢板悬挑而出的回字形圈梁。在空间上，由于梁的不同位置与坡地高度的变化，其功能作用时而似矮墙，

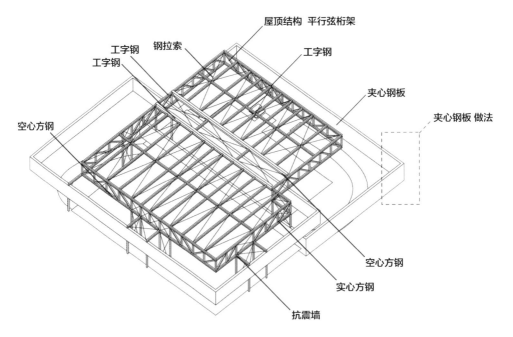

图155　浓汤娃娃事务所结构轴测图（资料来源：郭屹民
《结构制造——日本当代建筑形态研究》）

图156　浓汤娃娃事务所内景

时而似悬墙，时而似蚁壁，乃至于令层叠的几种地盘分槽哪怕并不直接参与空间的内外区分，但因其在不同高度上对领域的强烈限定，依然给我们以十分强烈的不同的空间感受。在结构上，尽管加高悬浮墙面的高度以及减轻自重的夹心钢板使得院墙的悬浮显得不可思议，但就像用三本不同方向的书本叠放一样，其要点仅仅在于结构构件的刚度与自重的关系。

　　与殿堂建筑空间逻辑更为接近的是近期阿尔瓦罗·西扎在中国台湾金宝山公墓中的设计（图 157、图 158）。

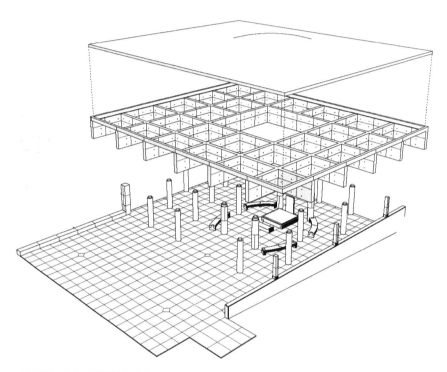

图 157 金宝山公墓结构示意

　　本案中的主要功能空间为一个嵌入柱林中后部的由四段环绕墓地的弧形座椅所围合出的圆形悼念厅，为了加强其场所感并强调出墓地位置，剖面上选择了十分传统的布置方式——引入一个小穹顶。于是，基本结构关系自上而下依次为穹顶或壳体—井字梁—柱网。为强化悼念厅穹顶下的空间，穹顶正下方的井字梁被取消，同时将穹顶前后两列柱均错动半跨，以减少

图158　金宝山公墓内景

四柱与井字梁格子共同形成的"间"的领域感对空间中心的干扰。可能是为了从外观上表现整个屋顶体量的水平性，也可能是因为梁足够大而不必将穹顶做得太圆满，西扎在此处用了一个微微鼓出的穹顶，仅仅为了强调空间的领域感，而非表达自身。扁扁的穹顶在结构上带来的侧推力难以在短距离内被抵消，所以梁的高度与长度在一定程度上需要同时加强。

尽管此穹顶及其下方的悼念厅并非位于台基的中轴线上，但从屋顶投影图可以看出，穹顶实实在在位于整个屋顶覆盖区域的轴线上。整个建筑前部留了一处类似传统宗教建筑中月台般的小广场，以容纳正式悼念活动时的众多使用者。于是出现了最值得注意的结构设计——为了在巨大屋顶体量的覆盖下对墓地的位置加以强调，建筑师将"前檐"位于正中的柱子去掉，配合"金步"错位柱列，将广场上人们的视线集中于穹顶之下的墓地。而这一设计带来的结果是，需要将井字梁的高度进一步加大，形成类似于中国传统建筑中的"大额枋"，以抵抗跨度加大带来的结构问题。为保持空间的纯净，内部柱子间并未施加连系梁，这就导致屋顶之下的柱网部分在水平力的抵抗上存在一定问题。解决办法为，在台基左右加矮墙或坐凳，将柱子连接起来，以形成不同方向的水平抵抗，同时，将位于屋顶中央穹顶下"明间"前后的"金柱"加粗，靠其本身的刚度来加固结构，并强化出空间的中心性。

从西扎的一系列操作中，我们似乎可以看到层叠式构架在空间领域表现方面的潜力。正是由于这种类似殿堂的结构选择，才使得此建筑虽然构架简单、毫无分隔，但空间仍旧主次分明。

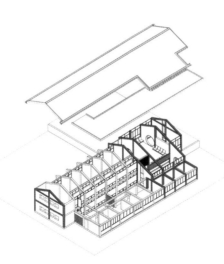

图 159 东海大学女白宫分解轴测图

陈其宽在中国台湾东海大学设计的女白宫则是针对所需空间主动采取连架逻辑结构的经典例子（图 159）。此建筑为女教师宿舍，位于一个小台地之上。为承担宿舍功能，该建筑直接采用多跨间距 3 米的混凝土屋架承托屋顶结构，而在门厅处，将间距由 3 米变为 6 米，以使会客空间有更好的体验。值得注意的是，为强调台地的特征，该建筑在门厅与其下餐厅处采用了错层处理，而 6 米间距的两屋架之间的连系梁被大量取消，合并为会客厅座椅的背板，使得坡面得以完整露出，令人更能感受这一空间的台地特征。两山墙处屋架则加强各个方向的联系，以加强山墙处的结构。这种通过屋架排列组成结构，调整屋架以匹配空间的构造逻辑呈现出十分明显的连架特征，也与前文介绍的各个厅堂建筑暗合，而在室内也确实呈现出了不同的方向性——宿舍空间因排架呈现出纵深感，会客空间则因连系梁的变动而呈现出对坡面与台地的表现。

与陈其宽设计的女白宫类似的，还有冯纪忠所设计的上海方塔园何陋轩（图 160～图 162）。这个建筑仅仅是一个位于水边的茶亭，但这个小小的亭子却被普利茨克建筑奖得主王澍誉为 20 世纪中国设计质量最高的建筑。其设计质量高的原因在于四点：一是地面台基同地形关系的处理；二是弧形墙体对光影变幻的捕捉和对时间的暗示；三是檐口压低将人的视线引向水面而屏蔽园外的公路；四是虽然其采用竹结构，却仍用木构的连架式逻辑来强化对水面的视线引导。

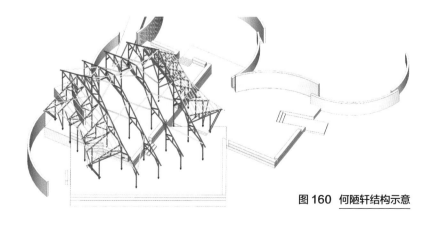

图 160 何陋轩结构示意

通常来说，受竹子的材料特性及连接方式的影响，竹结构建筑会采用桁架结构，但桁架结构因为斜向构件众多，难以形成有效的方向引导，甚至变为带有体积感的结构空间，这对檐口压低所意欲做出的处理十分不利。所以，此处仍按照木构逻辑，将多重竹杆件并置，形成进深方向的屋架，将结构按照横架的逻辑区分出主次。而后面阔方向的杆件均为单杆，并且变为斜向交叉构件，同时尽可能置于高处，以消除其视觉感知并抵抗大屋顶下细杆件的水平力。这样，在屋顶下的视觉感知中，即便是竹结构，但因其组织逻辑是木结构的，所以间架的概念仍旧存在，明间次间区分明显，同时进深方向在视觉上并无横杆，不会通过一层层的"框"形成领域区分，而是表达出通透的方向性；人的视线在穿过各斜杆后被檐口压低至水面，进而充分展示出周边环境的特征——厅堂与轩，并且不只是一个结构性描述，而是彻底指向该场所适合饮茶休憩的空间特征。

图 161　何陋轩内景一

图 162　何陋轩内景二

在杜依克所设计的开放学校教学楼中（图 163），我们或许可以看到抹角梁所带来的空间潜力。该建筑基本平面由 9 米见方的正方形单元组成，结构为钢筋混凝土框架。不同于常规结构做法，此建筑各柱布置在各边中点，形成四角打开的框架结构单元，而柱与柱之间的连系梁则呈抹角布置，形成平面扭转 45°，边长 7.4 米的小正方形。尽管此案例中角部的打开主要是靠两侧梁的出挑来实现的，斜向梁的作用主要在于拉结而非承重，但这种布置方式带来的结果是由四柱四梁重新限定出一个正方形空间的中心领域，使之更具有内聚性，同时，其角部的开放性也更强。在多个单元相连时，这种由抹角带来的角部打开之后互相借用挑梁的操作，也使单元之间连接处的内部空间面向重新调整至与单元方向相同。在这个案例中，抹角梁尺度较小，仅具有拉结作用，但抹角设计对空间处理的作用依然十分值得注意。如果进一步挖掘其力学意义，令其尺度与槽或日本建筑中的蚁壁近似，相信因其对领域的强化作用而获得的空间感受将大为不同。

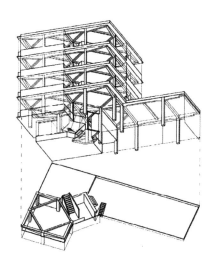

图 163 开放学校分解轴测图（资料来源：沈雯《关于空间与结构的设计方法——结构法初探：以框架结构为例》）

根据对各案例的逻辑分类与结构分析，以及对不同结构逻辑呈现出的空间特征的讨论，可得出如下几个综合性结论：

1. 古代工匠对不同结构形式带来的不同空间特征与适用性是有一定认知的，并非一味地仅按建筑等级来进行设计。我们分析时，不可局限于其结构形式，而应从建构逻辑来讨论空间特征。层叠式逻辑的结构带来的空间具有一定的领域性，而这种领域性除了分槽与深度的原因，与槽匹配的不同天花藻井也对空间领域有一定的区分作用。这种空间领域的区分可以强化像设所在空间的重要性，突出空间的核心；连架式逻辑的结构自身无太多表现性，更适于表现其空间中的方向，故而更适用于表现一些非常规尺度的像设。

2. 中国传统木构建筑中的结构设计不仅体现在大的结构类型的选择层面，也同样体现在局部的横纵结构逻辑变化甚至更为微观的转角构件交接关系上。（图 164）许多细微的反常设计，多数情况下都具有明确的空间意图，或与内部空间使用方式及佛像礼拜方式相关，或与外部观景方式相关。

图 164 屋檐的设计（图片来源：摄图网）

3. 中国传统木构建筑并非千篇一律、缺乏变化，其内部的结构与构造存在众多精彩的设计，值得学习。 在宗教建筑中，雕塑与建筑之间的设计关系十分精彩，我们在分析时不仅要看到建筑中的特征，也应注意到其中像设的状态与意义。此领域的更多优秀案例有待我们进一步分析与发现。

4. 针对传统木构建筑中的结构与空间，配合其主要使用方式讨论其设计，思索其空间特征，不仅有助于我们重新认识传统建筑，而且有助于我们理解现当代建筑中的框架结构（如单向梁、主次梁、密肋梁等）和空间设计，从而在中国建筑史与建筑设计之间架起桥梁。

从空间与结构设计的角度分析并讨论传统建筑，是对传统建筑中有潜力的空间或结构的理解、分解与再创造的开始。这可以让我们明确建筑设计中的一些恒久不变的基本问题，重新思索面对同样的建筑问题时，过去有哪些解决方式，为什么有这些解决方式，并引导我们思索今后可能会出现哪些方式。

正如梁思成先生在《为什么研究中国建筑》一文中所言："研究实物的主要目的则是分析及比较冷静地探讨其工程艺术的价值，与历代作风手法的演变。知己知彼，温故知新，已有科学技术的建筑师增加了本国的学识及趣味，他们的创造力量自然会在不自觉中雄厚起来。这便是研究中国建筑最大的意义。"

图书在版编目（CIP）数据

藏在木头里的智慧 ：中国传统建筑笔记 ／ 朴世禹著
. 一 南京 ：江苏凤凰科学技术出版社，2020.11（2024.2重印）
ISBN 978-7-5713-1493-4

Ⅰ．①藏… Ⅱ．①朴… Ⅲ．①古建筑－建筑艺术－研
究－中国 Ⅳ．①TU-092.2

中国版本图书馆CIP数据核字(2020)第208092号

藏在木头里的智慧：中国传统建筑笔记

著　　　者	朴世禹
项 目 策 划	凤凰空间/徐　磊
责 任 编 辑	刘屹立　赵　研
特 约 编 辑	徐　磊

出 版 发 行	江苏凤凰科学技术出版社
出版社地址	南京市湖南路1号A楼，邮编：210009
出版社网址	http://www.pspress.cn
总 经 销	天津凤凰空间文化传媒有限公司
总经销网址	http://www.ifengspace.cn
印　　　刷	河北京平诚乾印刷有限公司

开　　　本	710 mm×1 000 mm　1 / 16
印　　　张	12
字　　　数	110 000
版　　　次	2020年11月第1版
印　　　次	2024年2月第6次印刷

标 准 书 号	ISBN 978-7-5713-1493-4
定　　　价	59.80元

图书如有印装质量问题，可随时向销售部调换（电话：022-87893668）。